歴史上の科学者たちから学ぶ魅力的な理科実験

川村 康文 著

はじめに

人類の歴史は，自然の猛威から自分たちの身の安全をどう守るかの戦いの中で作り上げられてきた．まさに科学によって開かれた歴史である．エジプトでは，星を観察することで毎年繰り返されるナイル川の氾濫を予測し，種まきの時期や収穫の時期を決め，人類に農耕という文化をもたらした．この事は，暦の再現性を見出し，我々にとって貴重な観測データとなった．この一例にみるように，実験や観察を丁寧に行う中で，我々人類は科学を進化させ，現在に至る高度な科学技術文明を築き上げてきた．振り返ると，古代ギリシャ，アリストテレスの時代には，すでに科学の芽がめばえていたが，これを成長させ，科学の茎を確固たるものとしたのは，まさに天才「ガリレオ」であろう．この天才が静かに眠った年に，科学のひとつの花をさかせた大天才「ニュートン」がこの世に生を受ける．一度咲いた花は，やがて実を結び，多くの種を生んだ．

本書では，アリストテレスから，ガリレオ，ニュートン，そして現在に至るまでの多くの科学者が，現在我々の文明にどのように貢献してきたかをみながら，我々もそのエキスを感じ取れるような，創意・工夫にみちた「ぷち発明」を体験できるような実験を紹介した．これらの実験を通して，科学者たちが作り上げてきた歴史を感じていただけることができれば幸いである．

2020 年 4 月

川村　康文

Contents

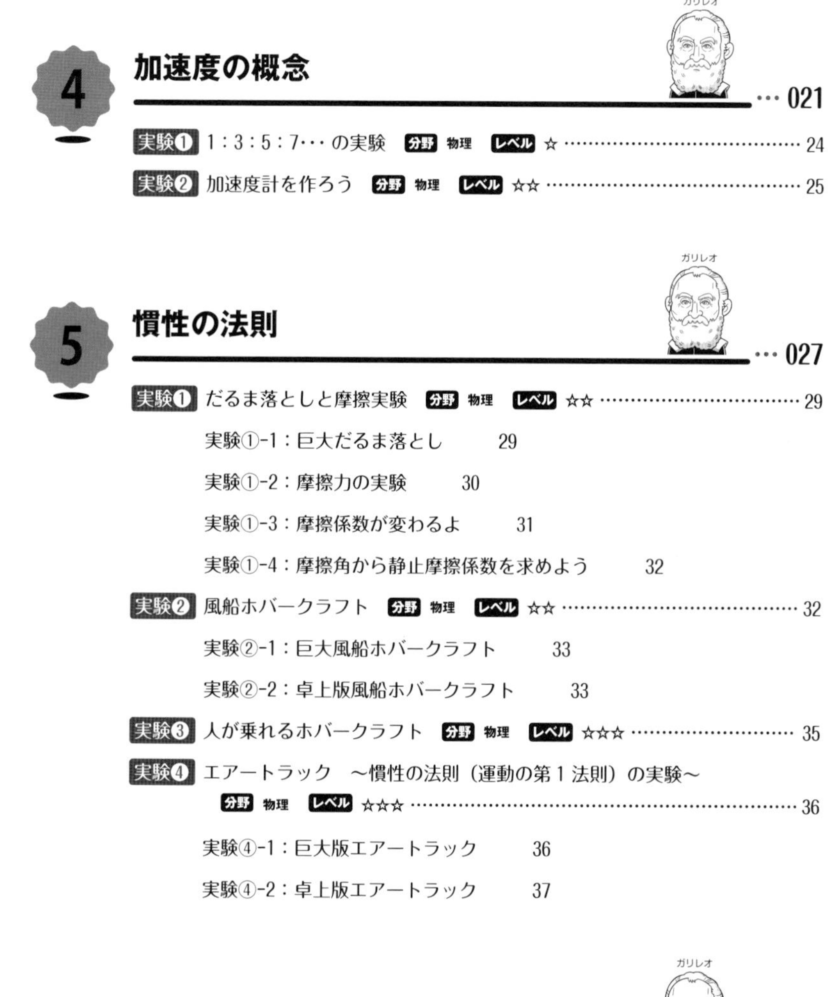
ガリレオ
ガリレオ

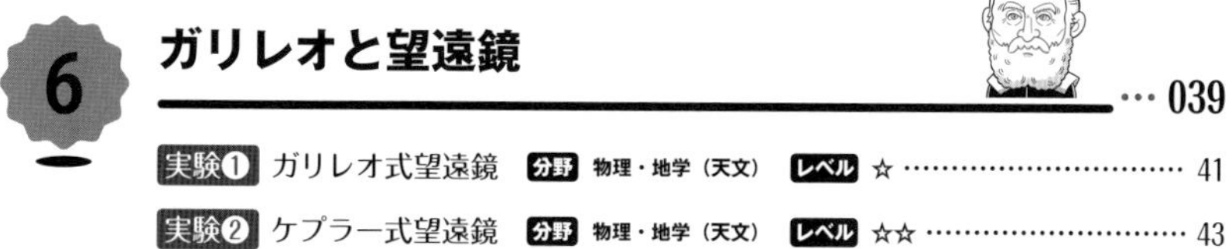
ガリレオ

トリチェリ

ゲーリケ

パスカル

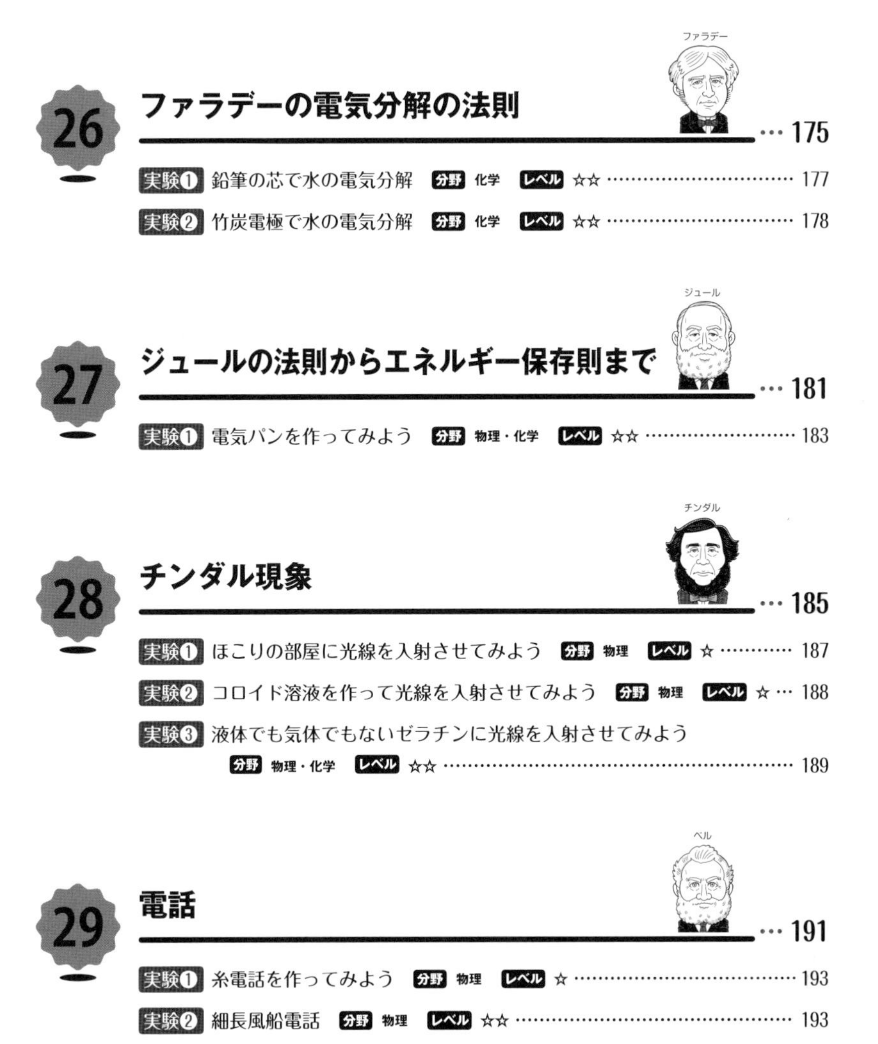
ファラデー
ジュール
チンダル
ベル

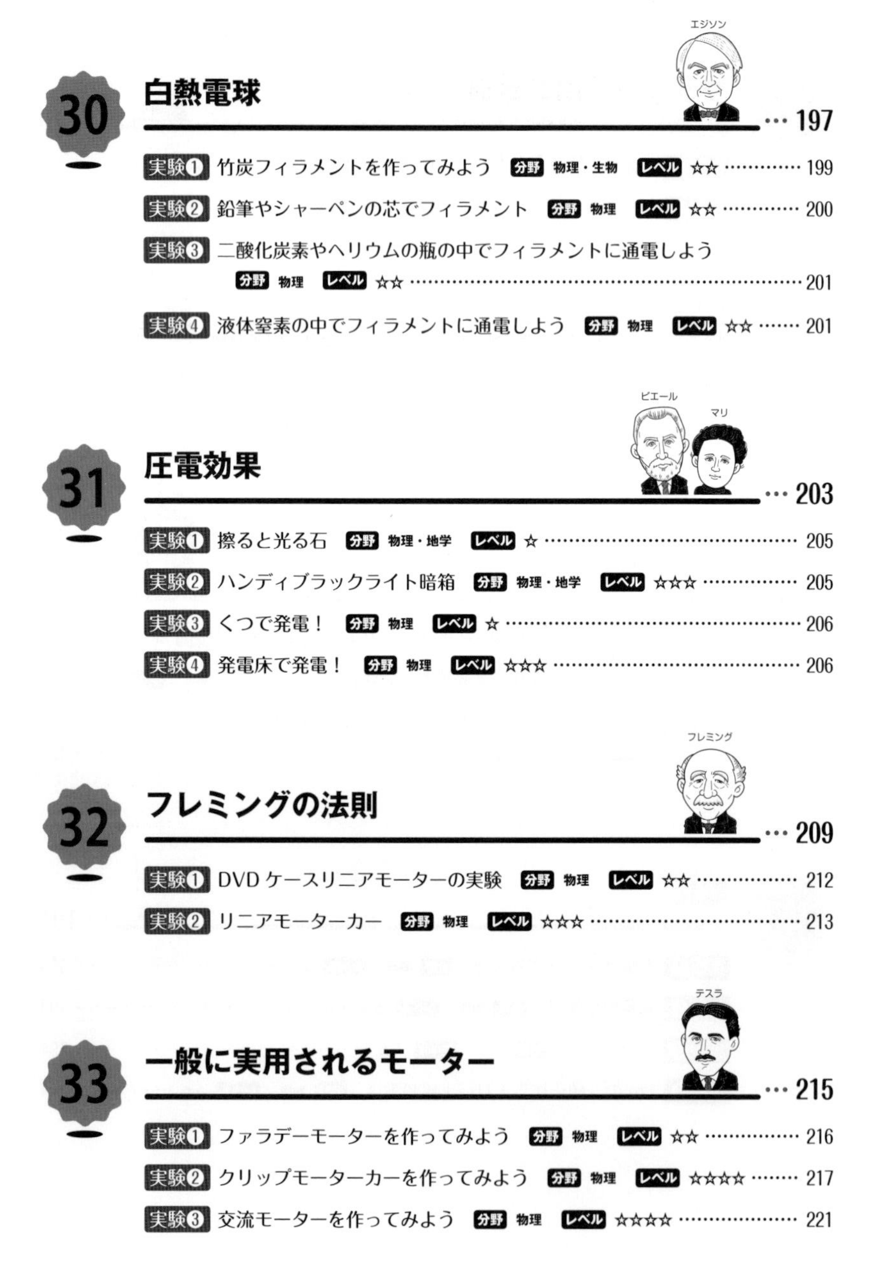
エジソン
ピエール
マリ
フレミング
テスラ

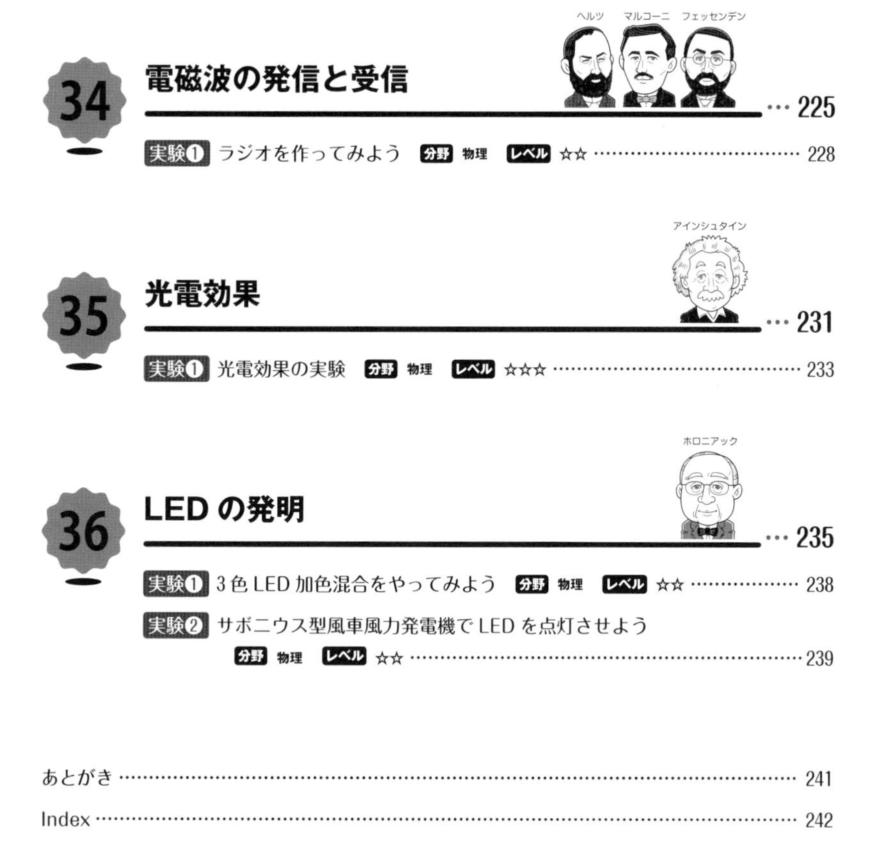
ヘルツ
マルコーニ
フェッセンデン
アインシュタイン
ホロニアック

アルキメデスの原理

アルキメデス
（Archimedes，紀元前 287 年？～紀元前 212 年）

アルキメデスとは？

アルキメデスは，シケリア島シラクサで生まれた古代ギリシアのすぐれた科学者でもあり，すぐれた発明家でもあった．シラクサの戦いでは，てこを利用した投石機を作ってローマの海軍を追い返したり，アルキメディアン・スクリューを発明したとされている．

「我に支点を与えよ．されば地球をも動かさん」は，有名な言葉である．

アルキメデスの原理の発見まで

ギリシアの植民都市シラクサの王様ヒエロン２世は，ある金細工師に，金の王冠を作らせた．しかし，金細工師は金に銀の混ぜ物をし，王からわたされた金の一部を盗んだという噂が広まったため，ヒエロンはアルキメデスに，王冠を壊さずに混ぜ物があるかどうかを調べさせた．アルキメデスは困り果ててしまうが，ある日，風呂に入ると水が湯船からあふれるのを見て，その瞬間，解決のヒントを発見したといわれている．このとき，風呂場から飛び出たアルキメデスは「ヘウレーカ（Eureka），ヘウレーカ」（分かったぞ）と叫びながら裸で走っていったという伝説が残っている．

さっそくアルキメデスは，王冠と同じ重さの金塊を用意し，これと王冠を天秤棒で，つるしてバランスさせた．もし，左右が同じものであれば，これを水中に入れてもつり合うはず，と考えたのである．ところが，水中に入れてみると，金塊と王冠はつり合うどころか，水中でバランスが崩れた．これで王冠と金塊の比重が違うということがわかり，金細工師の不正が明らかになった．

これが，いわゆる「アルキメデスの原理の発見」というわけである．

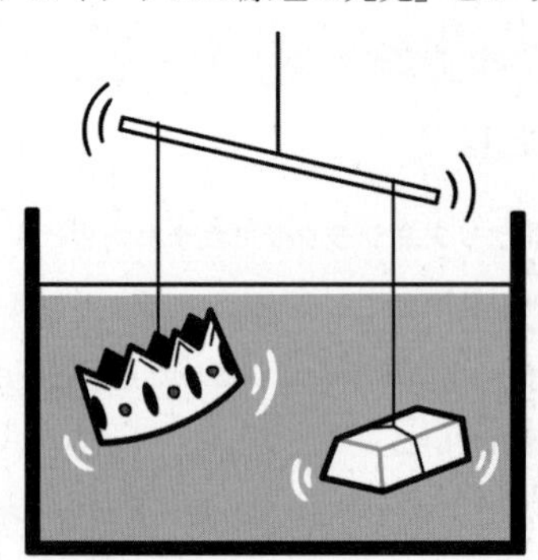

アルキメデスの原理って？

アルキメデスの原理とは，「**流体中の物体は，その物体が押しのけている流体の重さの分だけ軽くなる**（流体：液体と気体のこと）」というものである．

このことを，水中に沈めた物体で説明する．物体は水から物体の面に対して垂直に圧力を受ける．水圧は，深いところほど大きくなる．水中の物体の側面は，同じ水深では同じ大きさの圧力を受けるため，物体に作用する力はつり合う．しかし，物体の上面と下面では，水圧の大きさが下面のほうが大きいため，物体には下から上に押し上げる力が作用する．この結果，物体は軽くなるということである．

もう少し詳しく説明してみよう．

まず，物体にかかる水圧について考えてみる．水柱の高さを h，面 A，面 B の面積を S，水の密度を ρ，重力加速度を g とする．

面 A には全体の重力がかかるので，面 A にかかる力を F_A とすると，圧力 p_A は，（面 A にかかる力）÷（面積）で表すことができる．

$$F_A = \rho Shg \qquad \therefore P_A = \frac{F_A}{S} = \rho gh$$

面 B には水柱の上部だけの重力がかかるので，面 B にかかる力 F_B は，

$$F_B = \rho Sh'g \qquad \therefore P_B = \frac{F_B}{S} = \rho gh'$$

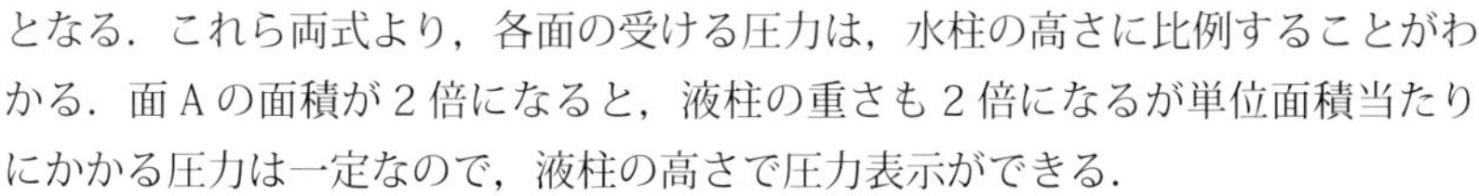

となる．これら両式より，各面の受ける圧力は，水柱の高さに比例することがわかる．面 A の面積が 2 倍になると，液柱の重さも 2 倍になるが単位面積当たりにかかる圧力は一定なので，液柱の高さで圧力表示ができる．

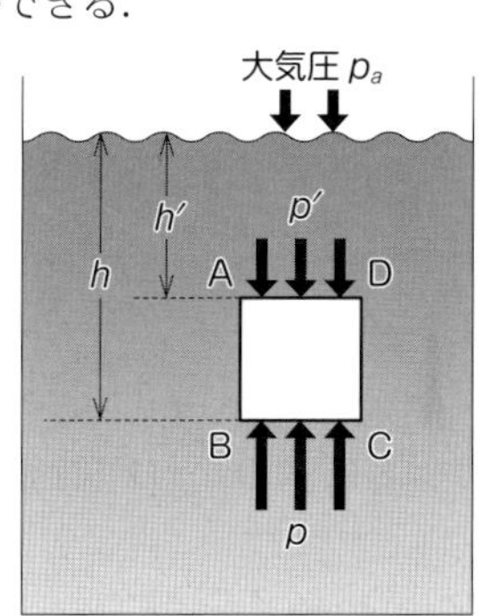

それでは，水中の物体に作用する力について考えてみよう．

直方体 ABCD–A′ B′ C′ D′（断面積 S，長さ L，体積 V）の面 BC–B′ C′（以降，面 BC と略す）の深さを h，面 AD–A′ D′（以降，面 AD と略す）の深さを h'，大気圧を p_a，水の密度を ρ，重力加速度を g とする．

上面に作用する力は，物体の面積を S とすると，$p'S$ となる．下面に作用する力は，pS となる．

その結果，物体を押し上げる力である浮力 F は，

$$F = pS - p'S = (p - p')S = (\rho gh - \rho gh')S = \rho g\underbrace{(h - h')S}_{(=V)} = \rho Vg$$

となる．

ρVg は，物体が押しのけた水の重さなので，まさに浮力とは，物体が押しのけた重さと同等であるとわかる．つまり，アルキメデスがいったように，「**水中の物体は，その物体が押しのけている水の重さの分だけ軽くなる**」といわけである．

Let's 再現！～実際に実験を行って確かめてみよう～

密度や比重の学習では，木が水に浮いたり鉄が沈んだりと，あまりに当たり前すぎるため，興味・関心を引きつけるのが難しい．もっと楽しく，感動を伴った実験はできないのであろうか？　子供たちは日常生活に役立つ話や豆知識を聞くことで，その内容にぐんぐん引きこまれていくこともある．例えば，お米や野菜の話はどうだろう．

農家では，収穫されたお米のうち，比重の大きいものは次の年に蒔くモミとされ，軽いものは食用として出荷されている．このとき，重い米粒と軽い米粒はどうやって分けているのだろうか？　また，熟した野菜は重いというが，どういうことなのだろうか？

さらに，最近の防災教育の話題として，溺れている人を助けるのにペットボトルを投げ入れろというが，果たして正しいのだろうか？

このような疑問を解決すべく，こんなこと，あんなことを実験を通して確かめてみよう！

実験 1　　**分野** 物理・生物　**レベル** ☆

野菜の浮き沈み

意外と浮く野菜，沈む野菜，わからないものである．果物なども面白い実験ができる．パイナップルはどうだろうか？　かぼちゃはどうだろうか？　いろいろなもので実験してみよう．

準備

水槽，完熟のトマトと青いトマト，かぼちゃ，なす，ダイコン，にんじん，きゅうり，ジャガイモ，りんご，などなど･･･

実験

1. 水槽に 2/3 程度の水を入れ，次々と野菜を入れて浮くか，沈むか，をみてみる．

結果

一般的に，土に植える野菜は沈むといわれている．ジャガイモやサツマイモの場合，大雨で土地が冠水したとき，ぷかぷかと浮くと困るので，水よりも密度が大きくなっている．木になる実も，あまりにも重すぎると，枝が折れたりなどするので，水よりも密度の小さい（軽い）ものが多いといえる．しかし，完熟すると糖度が上がり，枝を折ってしまうほど重くなるものもある．

実験 ② 空気中でつり合っても，水中では？

分野 物理　**レベル** ☆☆

アルキメデスと同じ実験方法で，浮力についてダイナミックに理解できる実験をしてみよう．つり合う野菜がないときは，ペットボトルやその他の容器を利用して，積極的にトライしてみよう．また，浮力の話になると，すぐに同体積の木片と鉄とかを使って，,，という説明になりがちであるが，幼児も含め知りたい欲求を満たすように，楽しく実験をしてみよう！

準備

天秤用の棒（直径 1 cm 程度，長さ 50 cm 程度），ひも（または糸），水槽

実験

1. 空気中で，天秤で２つの野菜をつり合わせておき，これを水に沈める．予想をしてから実験を行う．

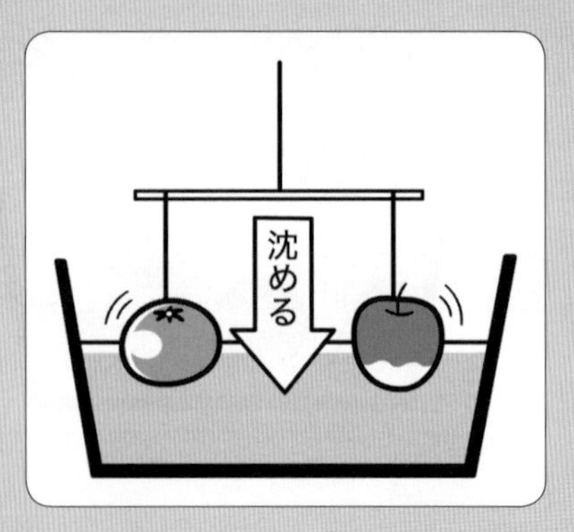

結果

空気中で，天秤でつり合うということは，同じ質量であると考えてよい．そのとき，密度が同じ物体であれば，同じ体積のはずである．しかし，密度が異なると密度の小さいほうは，大きな体積をしめているはずと理解できる．

コラム ◇ **巨大風船の落下実験**

巨大風船（1 m 程度）に，空気を入れて膨らませたものと，二酸化炭素を入れて膨らませたものを用意し，２つの風船を同時に落としてみると，二酸化炭素のほうが先に床に着く．同じ体積の場合，同じ大きさの浮力を空気より受けるが，質量が大きいほうが落下加速度が大きくなり，早く地面に着くことになる．

分野 物理・化学　**レベル** ☆☆

実験３ リサクル７

プラスチックには分別マークが決められている．PET 1 は，ポリエチレンテレフタレートである．以前は，プラスチック材料の判定に燃やして確かめる方法が用いられてきた．しかし，燃やすと含まれる不純物で有毒ガスが出たり，二酸化炭素が発生するため，ここでは燃やさないでプラスチックを分別してみたい．

準備

水槽，7 種類のプラスチック（一片を 5 cm 角程度に切り取ったもの）

実験

1. 水槽に，7 種類のプラスチックを入れて，浮くか沈むかをみてみる.
2. プラスチックのリサイクルマークをみて，プラスチックの名前と密度をインターネットなどで調べ，表を作成してみよう.

注意 容器の中に空気が入ってしまうと，浮いてしまうため，必ず一片を切り取ったものを使って実験を行うこと !!

結果

水の密度が 1 なので，水に浮くと密度は 1 より小さく，水に沈むと密度は 1 より大きいことがわかる．なお，密度とは，物体の質量を物体の体積で割ったものである．実験を行って，下記のような表を完成させることができただろうか.

リサイクルマーク		物　質	用　途		密　度	浮・沈
1	PET	ポリエチレン・テレフタレート		ペットボトル	1.27 ～ 1.40	沈
2	HDPE	高密度ポリエチレン	スーパー	レジ袋・バケツ	0.910 ～ 0.925	浮
3	PVC	塩化ビニール樹脂		パイプ・ホース	1.45	沈
4	LDPE	低密度ポリエチレン		ラップフィルムマヨネーズなどのチューブ	0.91 ～ 0.92	浮
5	PP	ポリプロピレン		食品容器・浴用品	0.91 ～ 0.96	浮

リサイクルマーク		物質	用途		密度	浮・沈
6	PS	ポリスチレン		トレー・カップ	1.05～1.07	沈
7	OTHER	その他のプラスチック				

◇ **ペットボトルは浮き輪の代わりになる？**

ペットボトルは，実験でわかったように水に沈むので，ペットボトルに空気を入れてキャップをしたものは浮き輪の代わりになっても，ペットボトルそのものを溺れている人に投げ与えても沈んでしまうだけで，助けにはならない．

これらの実験からわかること

物体が水に浮くかどうかは，物体が重い軽いによって判断するのではなく，**密度の大小を見極めることが大切**である．

振り子の等時性 ～1583年　ピサの大聖堂のランプの振れから発見～

ガリレオ・ガリレイ
（Galileo Galilei，ユリウス暦1564年～グレゴリオ暦1642年）

ガリレオ・ガリレイとは？

ガリレオ・ガリレイ（以降，ガリレオ）は，イタリアのピサで生まれた物理学者，天文学者，哲学者である．ロジャー・ベーコンとともに科学的手法の開拓者の一人として知られている．また，その業績から「天文学の父」と称された．さらにガリレオは，天文や物理の問題について，アリストテレスを絶対的とする権威主義に従うのではなく，自分自身で実験を行い，実際に起こる現象を自分の眼で確かめるという方法をとったことで，「科学の父」とも呼ばれている．イタリアの2,000リラ紙幣には，ガリレオの肖像が採用されていた時期もある（1973～1983年まで発行）．

振り子の等時性の発見まで

ピサの大聖堂の中で，あかりを灯されたばかりのランプが大きくゆれているのを，ガリレオは何気なく見ていた．そのとき，大きくゆれるのと小さくゆれるのと，ランプが往復する時間は変わらないようだとふと気づいたのである．手首の脈を取り，時間を測ってみると，やはり脈の数はほぼ同じだった．「振り子の往復する時間は，ふれ幅とは関係ない」という，振り子の決まりを発見したのは，1583年のことだったといわれている．

その後，「**振り子は，糸の先につけたおもりが重くても軽くても，糸の長さが決まっていれば，往復する時間はいつも同じだ！**」と，振り子の等時性を発見したのである．

振り子の等時性って？

振り子の長さが同じとき，糸の太さ，おもりの質量や形，振幅を変えても周期は変化せず一定である．この性質を**振り子の等時性**という．振り子の長さが長いときには振り子の周期は長く，振り子の長さが短い時には振り子の周期は短くなる．

Let's 再現！～実際に実験を行って確かめてみよう～

振り子の長さが長いときと短いときでは，周期に違いがあるのだろうか？　振り子の長さが同じとき，おもりの質量が大きくなっても，小さくなっても振り子の周期は同じであろうか？　また，振り子の振幅を大きくしたり，小さくしたりすると，振り子の周期は違うのであろうか？　実験①と実験②で確かめてみよう．

分野 物理　**レベル** ☆

振り子の長さと周期

振り子の長さを変えて，振り子の周期を調べてみる．

準備

おもり，糸，フック

実験

1. 振り子の長さを 25 cm，50 cm，100 cm にし，振り子が 10 往復する時間を測る．
2. 3 ～ 4 回程度実験を行い，平均をとって，1 往復する時間を計算する．

注意 おもりの質量，振れる角度は，同じにしておく．

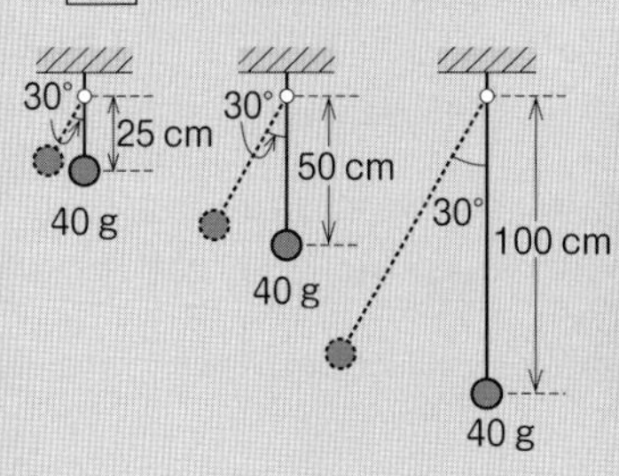

ふりこの長さ	おもりが 10 往復する時間 s				1 往復する時間 s
	1 回目	2 回目	3 回目	平均	平均/10
25 cm	10.0	10.1	10.0	10.0	1.0
50 cm	14.1	14.2	14.1	14.1	1.4
100 cm	20.0	19.9	20.0	20.0	2.0

結果

振り子の長さが 25 cm のとき，10.0 ÷ 10 ＝ 1.0 s

振り子の長さが 50 cm のとき，14.1 ÷ 10 ＝ 1.4 s

振り子の長さが 100 cm のとき，20.0 ＋ 10 ＝ 2.0 s

振り子の長さが長いほど振り子の周期は長く，振り子の長さが短くなるほど，振り子の周期は短くなっている．よって，振り子の周期は，振り子の長さによって，変わることがわかる．

実験 2 おもりの質量や振幅と周期

分野 物理　レベル ☆

振り子のおもりの質量や振幅を変えて，振り子の周期を調べてみよう．

準備

おもり，糸，フック

実験

1. 図 1 のように振り子の長さを 100 cm，おもりを 10 g にして，振り子が往復する時間を測る．
2. 次に，おもりの質量を 40 g，70 g にして「1.」と比べる（図 1）．

3. 「1.」のふりこの振れる角度を図2のように5°，15°，30°にして，振り子が往復する時間を測る.

注意 「1.」と「2.」は振れる角度を，「3.」はおもりの質量を同じにしておくことが大切である. また，実験は3~4回程度行い，その平均と振り子が1往復するときにかかる時間（周期）を計算する.

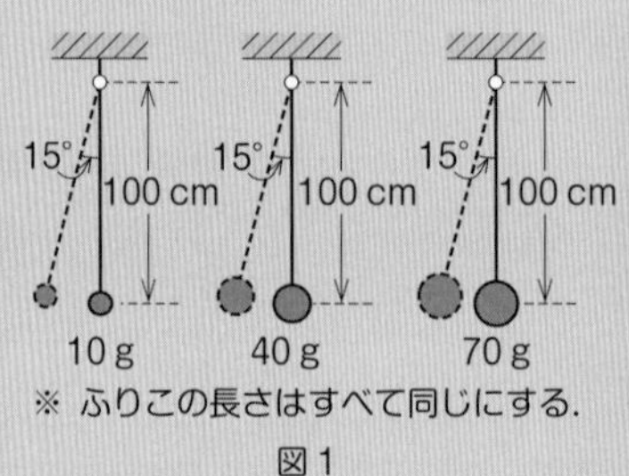

※ ふりこの長さはすべて同じにする.

図1

おもりの質量	おもりが10往復する時間 s				1往復する時間 s
	1回目	2回目	3回目	平均	平均/10
10 g	19.9	19.8	20.0	19.9	2.0
40 g	20.0	19.9	20.0	20.0	2.0
70 g	20.0	20.1	20.0	20.0	2.0

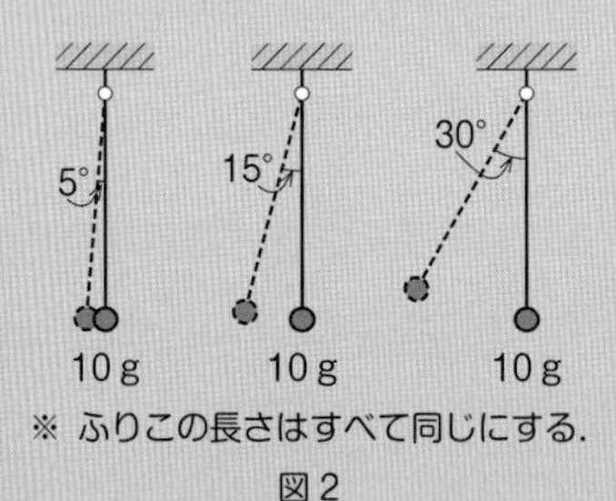

※ ふりこの長さはすべて同じにする.

図2

振れる角度	おもりが10往復する時間 s				1往復する時間 s
	1回目	2回目	3回目	平均	平均/10
5°	19.9	20.0	20.0	20.0	2.0
15°	20.0	19.9	20.0	20.0	2.0
30°	20.1	20.0	20.1	20.1	2.0

結果

おもりの質量が40 gのとき，振り子の周期は，20.0 ÷ 10 = 2.0 sである. おもりの質量を変えて測定しても振り子の周期は2.0 sで，周期は一定である. また，振れる角度を30°程度まで変えて測定しても周期はすべて2.0 sである. 振り子の周期は，おもりの質量や振幅に関係がないことがわかる.

これらの実験からわかること

振り子は，糸の長さが決まれば，おもりの質量や振幅に関係なく，一定の周期で振れることがわかる. これを「**振り子の等時性**」という.

◇ 振り子の等時性が破れるとき

振り子の実験での周期測定を，小数第１位までみると，確かにこれまでの実験で，振り子の等時性は成立しているようにみえる．しかし，小数第２位まで測定してみると，なんと下表のように，30°あたりから実は少しずつずれ始めている．

糸の長さ cm	50	100	200
角度 °	周期 s	周期 s	周期 s
5	1.41	2.02	2.84
10	1.41	2.02	2.85
15	1.41	2.01	2.84
20	1.41	2.04	2.85
30	1.43	2.03	2.86
45	1.46	2.07	2.94
60	1.49	2.14	不能

一般に，振り子の実験をするときには，振れ角は５°以内にするようにいわれることが，この実験データからも確認できる．振れ角を5°以下とした場合，次の計算で，振り子の周期が計算できる．

軽くて伸びない長さ L の糸の一端に質量 m のおもりをつけ，鉛直面内で振らすとき，おもりに作用する力は，重力 mg と張力 T のみである．最下点を原点Ｏとし，糸が鉛直線となす角を θ，おもりのＯからの円弧に沿った変位を $\boldsymbol{x}$（右側を正）とすると，これらの合力は，$mg\sin\theta$ となる．おもりは，この合力によって加速度運動を行う．

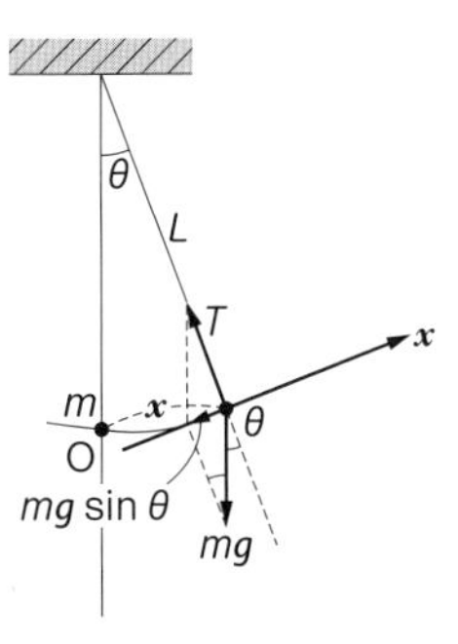

右図より，運動方程式は，

$$ma = -mg\sin\theta$$

となる．θ は微小なので（$\theta < 5°$），

$$\sin\theta \fallingdotseq \tan\theta \fallingdotseq \theta = \frac{\boldsymbol{x}}{L}$$

である．よって，

$$ma = -mg\theta = -mg\frac{\boldsymbol{x}}{L} = -\frac{mg}{L}\boldsymbol{x} = -m\omega^2\boldsymbol{x}$$

となる．

$$a = -\frac{g}{L}\boldsymbol{x} = -\omega^2\boldsymbol{x}$$

$$\omega = \sqrt{\frac{g}{L}} \qquad T = \frac{2\pi}{\omega} = 2\pi\sqrt{\frac{L}{g}}$$

この式より，単振り子の糸の長さが決まれば，周期も一定に決まるということが再確認できる.

ここで，$\theta < 5°$というのは，どのようにイメージすればよいかというと，振り子の軌道が円弧にみえるのではなく，ほぼ一直線にみえるということを意味している．そこで，著者は，単振り子の糸の長さを 10 m として振らしてみたところ，おもりの軌道は 1 mの直定規に沿って移動し，直線とみなしえた．このことから，振り子の軌道は「円弧にみえるのではなく，ほぼ一直線にみえる」というイメージが分かってもらえたのではないだろうか.

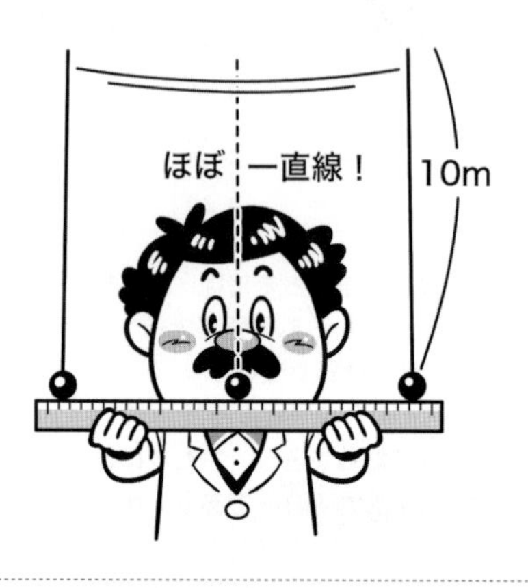

落下の法則 ～1589～1592年　ピサの斜塔からの落下実験～

ガリレオ・ガリレイ
(Galileo Galilei，ユリウス暦1564年～グレゴリオ暦1642年)

ガリレオ・ガリレイとは？（前項も参照）

ガリレオは，ピサで生まれ育った．ピサには，ピサの斜塔があるが，これは1063年にパレルモ沖でサラセン（現在のシリアからサウジアラビアにまたがる地域の砂漠遊牧民）の艦隊を破ったことを記念して建築を始めたといわれている．ガリレオは，1581年ピサ大学に入学したが1585年に退学し，1582年ごろからユークリッドやアルキメデスを学んだ．その後，1589年にピサ大学の教授として数学を教え，1592年パドヴァ大学の教授となり，幾何学，数学，天文学を1610年まで教えた．この時期，多くの画期的発見や改良を行っている．

ピサの斜塔からの落下実験まで

アリストテレスの自然哲学体系では，重いものほど早く落下することになっていた．これに反して，ガリレオは，重いものも軽いものも同時に落ちるはずだと考えた．これを「**落下の法則**」という．ガリレオはこれを証明するために，1589年ピサの斜塔の頂上から，大小2種類の球を同時に落として両者が同時に着地するのを見せる落下実験をしたといわれている．しかし，この有名な実験は故事とされ，ガリレオの弟子の創作で，実際には行われていないとする研究者が多い．

実際にガリレオが行った実験は，斜めに置いたレールの上を，大きさは同じだが重さの異なる球を転がす実験であり，その様子を描いた絵画が残っている．

落下の法則とは？

ガリレオの「落下の法則」は，物体は同じ速度で落下し，重い物体ほど重力によって速く落下したりはしないというものである．

1971年にアポロ15号の乗組員によって，月面で同じ実験が行われ（空気抵抗の影響を排除するため），ハンマーと鳥の羽を落下させた．この実験は，ガリレオの説を裏付けたものである．

Let's 再現！～実際に実験を行って確かめてみよう～

分野 物理　**レベル** ☆

丸めた紙と開いた紙

固く丸めたコピー用紙と，ひらいたままのコピー用紙を同時に落下させると，どうなるだろうか？

準備

A4 コピー用紙（2 枚）

実験

1. ひらいたままのコピー用紙と，固く丸めたコピー用紙を同時に落下させる．

結果

両方の紙の質量は同じであるが，固く丸めたコピー用紙のほうが先に落下する．

理由

ひらいたままのコピー用紙では，空抵抵抗が強く作用し落下速度が落ちたからである．

実験 2 重い本に風船をのせて落下実験

分野 物理　**レベル** ☆

風船を落下させると，空気抵抗でゆっくりと落下する．重い本を落下させると，本は速く落下する．本の上に風船を乗せて落下させると，どうなるであろか？

準備

A4 以上の重い本，風船，空気入れ

実験

1. 普通に風船と重い本を別々に落下させる．
2. 本の上に風船を乗せて落下させる．

結果

風船も本に引き寄せられて，本と同時に落下する．

理由

自転車競技や自動車レースで，スリップストームといって，前方車両の後方で空気抵抗をあまり受けないで走行するテクニックがある．この場合の風船は，本のスリップストームに入って，空気抵抗をあまり受けず，本と同時に落下する．

分野 物理　レベル ☆☆

宇宙天秤実験

実験③ -1：巨大天秤で重さ比べ

準備

径 100 cm の巨大風船（2 個），糸 1 本，かっ車 2 個，二酸化炭素 100% のガス，ブロワー，巨大天秤

実験

1. 巨大風船の一つに二酸化炭素 100% のガス，もう一つにブロワーで普通の空気（二酸化炭素濃度 400 ppm）を入れ，膨らませる．
2. 巨大天秤に取り付けた 2 個のかっ車に一本の糸をかけて，その両端にそれぞれの風船をつるし，重さ比べをする．どちらの風船が重いか調べる．

結果

二酸化炭素が充満した風船のほうが重いので，下に下がる．

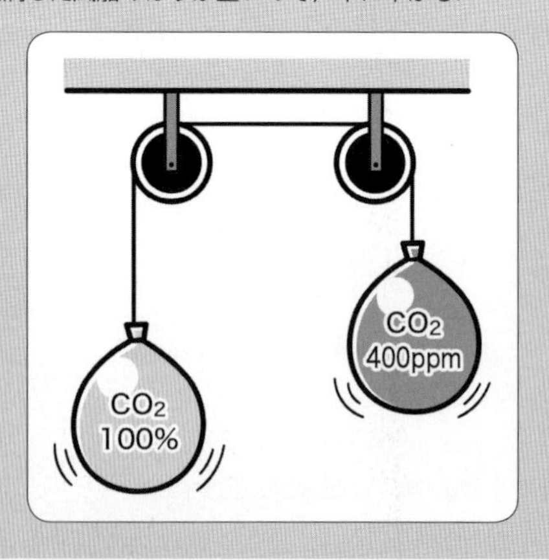

実験③ -2：異なる気体が入った風船の落下実験

準備

径 100 cm の巨大風船（2 個），二酸化炭素 100% のガス，ブロワー

実験

1. 二酸化炭素が充満した風船と普通の空気が入った風船を同時に落下させる．どちらが先に落下するか調べる．

結果

二酸化炭素が充満した風船のほうが先に落下した.

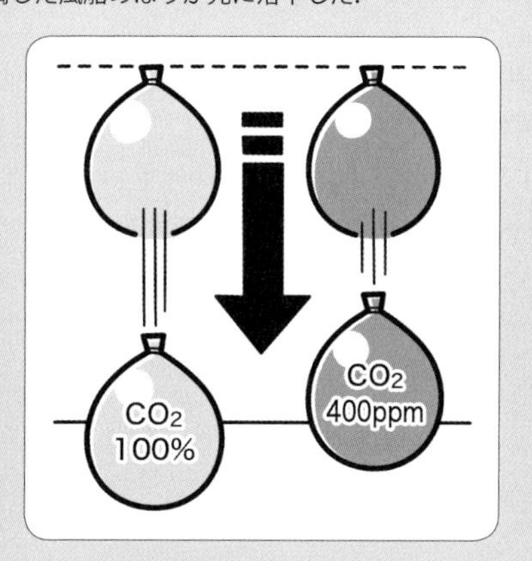

理由

空気中で二酸化炭素が充満した風船と普通の空気が入った風船を同時に落下させると，空気抵抗だけでなく，浮力の影響も受ける．どちらも同じ体積なので，浮力がほぼ同じであるとみなした場合，軽い風船のほうがゆっくりと落下するためである.

分野 物理　**レベル** ☆☆☆

実験 4 水風船落下コンテスト

画用紙 1 枚とハサミ，スティックのりだけを使って，水風船を 2 階の高さから割らずに落とすにはどうしたらよいか？　まさに，アクティブラーニングで，決まった正解がない問題の一つ！

準備

画用紙（1 枚），ハサミ，スティックのり，水風船，水風船を受けるたらい

実験

1. 水風船に画用紙 1 枚をデザインを工夫して貼り付ける.
2. 落下させてみる.

結果

落下させた結果，水風船が割れなければ，それは一つの正解である．割れたら，どうして割れたのかを考えて，再度チャレンジしてみよう.

これらの実験からわかること

空気中では空気抵抗が作用するため，同じ体積の物体の場合，重い物体のほうが軽い物体よりも先に落ちる現象をみることができるが，真空中では，重い物体も軽い物体も同時に落ちることがわかる．また，空気抵抗を大きくする工夫をすると，重い物体でもゆっくりと落とすことができる．

4 加速度の概念 ～ガリレオは 1604 年ごろ着想，1609 年に定式化～

ガリレオ・ガリレイ

（Galileo Galilei，ユリウス暦 1564 年～グレゴリオ暦 1642 年）

？ ガリレオ・ガリレイとは？（前項も参照）

ガリレオは落下運動の研究を 1604 年ごろからやっていたとされている．1604 年に落体の法則を発見し，1609 年これを定式化した．後年，出版された彼の著書『天文対話』や『新科学対話』には，落下実験の記載が出ている．

ちなみに，ガリレオの父ヴィンチェンツォ・ガリレイはフィレンツェ生まれの音楽家であった．父は音響学の分野で数学的な手法を取り入れた研究を行ってきた．そのことが，後のガリレオの物体運動の研究に，影響を与えた可能性が高いといわれている．

加速度の概念の発見まで

『新科学対話』に記載されている落下実験によると，彼は約 100 m の高所から同じ大きさの鉛の球と樫の木の球とを落としたとされている．着地点では，鉛のほうがわずか 1 m 程度先行したにすぎなかった．さらに鉛の球と石とを落としてみると，両者の差はほとんど見られなかった．この結果からガリレオは，以前の人たちが信じていたことは誤りであり，落下時間は重さに関係しないというのが正しい，と結論付けた．そして鉛と樫との間の少しの違いは，空気の抵抗によるものだと考えたのである．

さらにガリレオは，落下物体の速度が落下の過程でどう変化するのかを追及した．しかし，その現象を直接調べることは困難なので，代わりに金属球が斜面上を転がり落ちるときの状況を調べた．球は，静止状態から出発するとき，走行距離が時間の 2 乗に比例することを発見した．球は，静止から出発すると，一定の時間，区間ごとに走る距離は奇数の比，つまり，1，3，5，・・・の比で増大していくことを発見した．このことは球の落下速度が増大することを意味し，加速運動を行うことだと結論付けた．

加速度の概念って？

一定の時間区間ごとに走る距離が奇数の比となることから，ガリレオはこの運動は**等加速度運動**だと断言している．斜面に沿って 1，3，5，・・・の間隔で鈴をつけておき，物体が斜面を落下する途中で鈴に触れて鳴るようにしておく．そうすれば鈴は等しい時間間隔で次々に鳴るという訳である．

ガリレオはさらに同じ傾斜角の斜面上での球の運動は，あまり軽いものを除き，その重さ（質量）に関係しないことを確かめた．そしてまた，斜面の傾斜を変えると落下運動の速度の大きさは変化するが，1，3，5，・・・の比例関係は常に成立していることを確かめた．斜面の角度を 90 度にしても，現象は同様であるはずだと推論した．物体の自由落下も落下距離は時間の 2 乗に比例し，1，3，5，・・・の法則が成立し，物体の質量に関係しないと考えたのである．

ガリレオの実験の結果

経過時間単位	1	2	3	4
単位時間の進行距離	1	3	5	7
始点からの進行距離	1	4	9	16

Let's 再現！～実際に実験を行って確かめてみよう～

自由落下では，物体は，どのように落ちていくのか？　毎秒同じ距離ずつ落ちるのだろうか？　もし，そうなら，例えば 40 cm ごとにおもりを 4 個取り付けた実験①のようなひもを用意すると，おもりがバケツの底に当たったときに聞こえる音は等間隔になるはずである．しかし，実際には等間隔にはならず，音と音との間がつづまって聞こえる．

それでは，自由落下とはどのような運動なのか？　ガリレオは斜面を利用して，自由落下は等加速度直線運動であることを証明した．自由落下の v–t グラフや s–t グラフを作成することで，視覚的に理解した上で，聴覚的な確認実験をしてみよう．最初，速さが 0（初速が 0）の状態から毎秒 g ずつ，速さが鉛直下向きに加速する運動を v–t グラフに表してみよう．

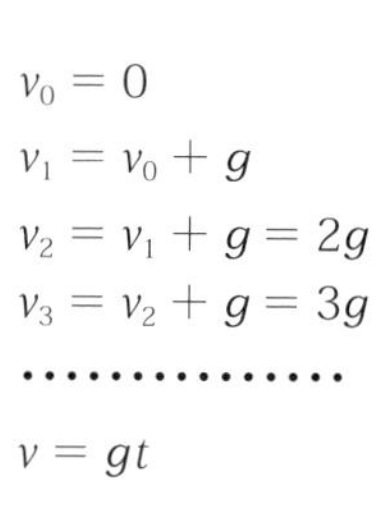

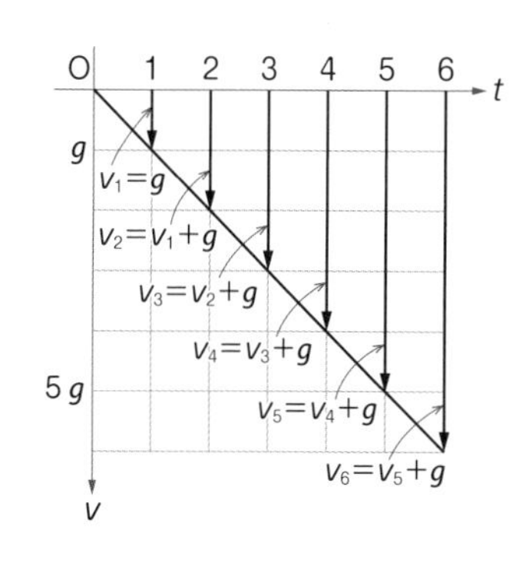

面積から落下距離もわかるので，グラフも描いてみよう．

$$s_0 = 0$$

$$s_1 = \frac{1}{2} \times v_1 \times 1 = \frac{1}{2} g$$

$$s_2 = \frac{1}{2} \times v_2 \times 2 = \frac{1}{2} \times 2g \times 2$$

$$= \frac{1}{2} \times g \times 2^2 = 2g$$

$$s_3 = \frac{1}{2} \times v_3 \times 3 = \frac{1}{2} \times 3g \times 3$$

$$= \frac{1}{2} \times g \times 3^2 = 4.5g$$

…………….

$$s = \frac{1}{2} gt^2$$

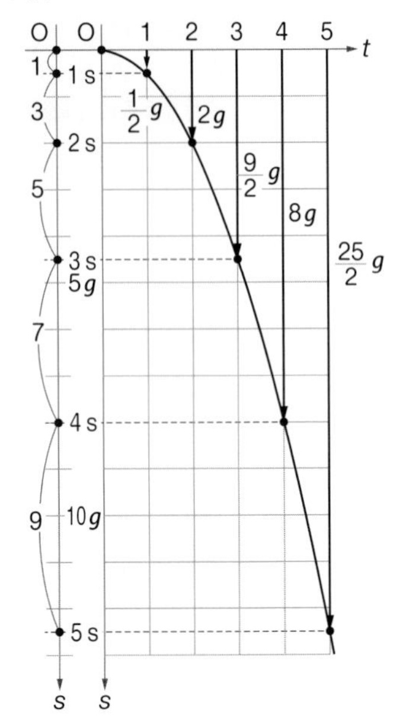

あわせて，各区間ごとの移動距離の比をとってみよう．落下距離のグラフの左端のように，奇数列になっていることが確認できる．

実験 1　　分野 物理　レベル ☆

1：3：5：7… の実験

準備

バケツなど大きな音がするもの，おもり（ナットなどがよい），糸，セロハンテープ，メジャー

実験

1. 図のように，糸にナットをつける．一方は，等間隔の 40 cm，80 cm，120 cm，160 cm のところにつける．もう一方は，奇数列間隔の 10 cm，40 cm，90 cm，160 cm のところにつける．
2. バケツを床に置き，糸の原点側の先端をセロハンテープでバケツの底にしっかり貼る．
3. 糸をぴんと引っ張り，自由落下をさせる．おもりがバケツに当たるときの音の間隔を調べる．

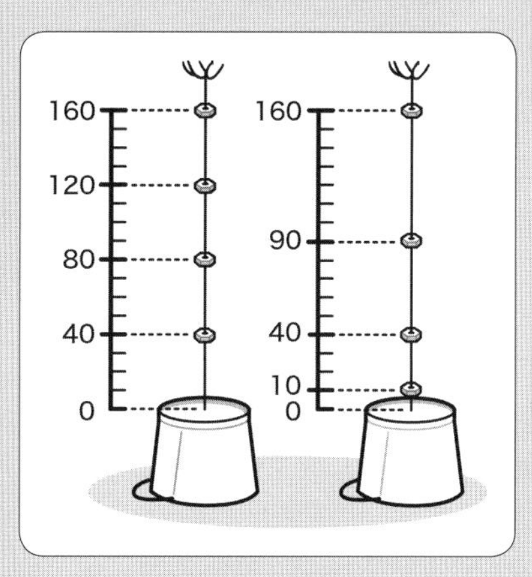

結果

等間隔にナットをつけた方は，音が徐々につづまって聞こえる．奇数列間隔にナットをつけた方は，音が等間隔に聞こえる．以上から，自由落下は等加速度運動であることが確認できる．

実験 2 加速度計を作ろう

分野 物理　**レベル** ☆☆

準備

CD（または DVD ケース），透明ボンド，セロハンテープ，色水，分度器

工作

1. CDやDVDなどの薄いケースの3方を，水が漏れないようにボンドで封じ，乾き始めた頃にセロハンテープで封じた部分を覆うようにカバーする．
2. ボンドが乾いたら，色つきの水をケースに入れる．水漏れがあれば修理し，水漏れがなければ最後の1方向も水が漏れないようにボンドとセロハンテープを用いて封じる．これで完成．

実験

1. 力学台車などのように加速度運動するものに加速度計を乗せ，加速度測定をする．スマホで撮影した後，プリントアウトなどし，分度器で角度を測定する．あるいは，電車の窓のサンに，加速計を置いて加速度測定をする．
2. 加速度を $a = g\tan\theta$ m/s^2 で求める．あるいは，事前にケースの側面に目盛りを打っておき，読み取ってもよい．

結果

加速度を体感するような場合，加速度計の水面が傾き，その傾きから，加速度の値が求められる．

これらの実験からわかること

自由落下のように速い現象の場合，それが等加速度直線運動なのかどうかなどの判定を目視で行うのは難しいが，斜面を利用して観測したり，あるいは等加速度運動ならどのようになるのかを考えることで，等加速度直線運動であったことを証明することができる．

5 慣性の法則

ガリレオ・ガリレイ
(Galileo Galilei，ユリウス暦 1564 年～グレゴリオ暦 1642 年)

ガリレオ・ガリレイとは？（前項も参照）

加速度を実験で明らかにした人は，ガリレオだったが，さらにガリレオは慣性の法則も発見している．

余談であるが，ガリレオが没した 1642 年に，天才アイザック・ニュートンが生まれた．

慣性の法則の発見まで

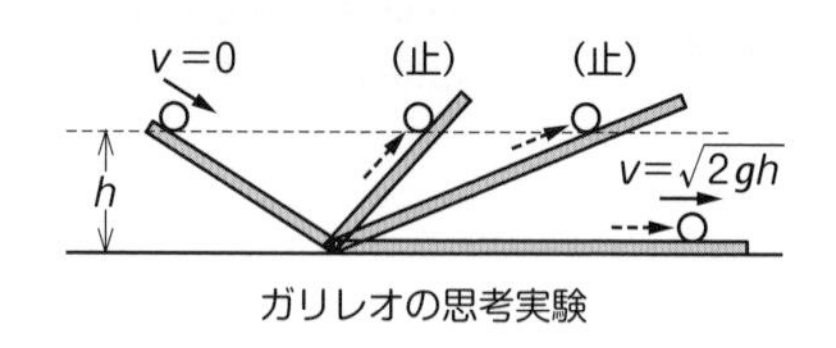

ガリレオの思考実験

ガリレオは，完全になめらかな斜面に沿って球を転がす場合，球が落下したときにもつ速さ v は，自由落下であっても，任意の傾角をもつ斜面に沿って落下しても，落下した高さが h ならば常に一定で $\sqrt{2gh}$ であることを見い出した．また，物体がどのような重さ（質量）であっても同じ $\sqrt{2gh}$ になることも，観測によって見い出した．このことから，任意の斜面をのぼらせる場合，同じ初速度 $\sqrt{2gh}$ を与えれば，再び同じ高さ h までのぼるであろうと推論したのだ．

のぼる斜面の傾きを，徐々に小さくし，水平に近づけると，物体が斜面をのぼり切り，速度が0となるまでの到達距離は長くなる．このことから，もし斜面を水平にすると，物体はいつまでもころがり続けることになる．また，そのときの速度は減速せず，$\sqrt{2gh}$ のままであると考えた（思考実験『新科学対話』）．

このように，最初に物体がもっている速度を，外部から力が作用しない限り，もち続けることを**慣性の法則**という．ガリレオは，慣性の法則により，たとえ地球が自転，公転していても，私たちも一緒に動くので問題がないとした．

慣性の法則は，このようにガリレオによって見い出され，デカルト（仏）の「哲学原理」を経て，ニュートン（英）の「プリンシピア：自然哲学の数学的原理」によって基礎法則として取り上げられることになっていく．

慣性の法則の概念って？

静止している物体があるとき，この物体に外力が作用しない限り，静止し続ける．また，等速直線運動をしている物体があるとき，外力が作用しない限り，等速直線運動を続ける．物体は現在の運動状態（静止も含め）を保とうとする性質があり，この性質を「**慣性**」という．

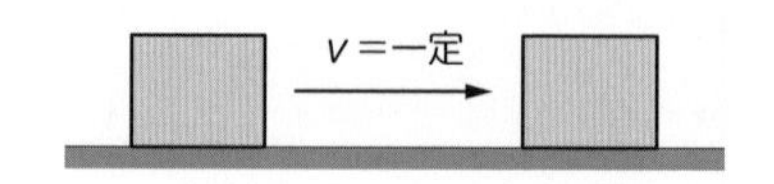

Let's 再現！～実際に実験を行って確かめてみよう～

実験 1　　分野 物理　レベル ☆☆

だるま落としと摩擦実験

100円ショップなどでもだるま落としが市販されているが，楽しく実験をするには，スケール感の大きな実験も大切である．巨大だるま落とし実験器を使って実験をしてみよう．

実験① -1：巨大だるま落とし

準備

なるべく丈夫そうな段ボール箱，手作りハンマーの柄となるもの，ガムテープ

工作

1. 段ボールを直径30 cm程度の円板に切る．まずは，2枚準備する．
2. この円板の1枚を底板とし，そのまわりに段ボールで円柱を作る．このときは，まだ，天板は取りつけない．
3. 直径の長さ分に切った4枚の長方形の段ボールを中心で交叉させ，この円柱の内側に，補強材として入れる．
4. 円柱に天板でふたをし，ガムテープでしっかりとめる．これを，だるま落とし用の円柱として4個程度作る．
5. ハンマーを，頭部に重みがでるように段ボールを何枚か重ねて作る．

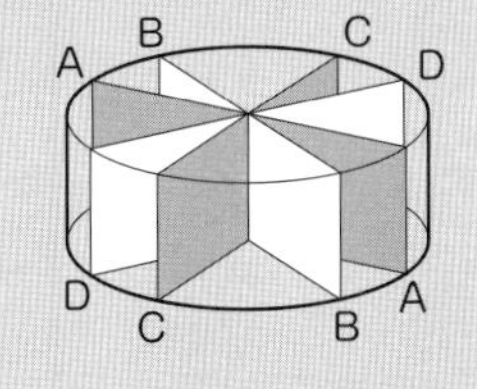

実験

1. 普通に行うだるま落としと同じように，だるま落とし用の円柱をハンマーでたたく．
2. 机の上でできる小さな卓上版だるま落としでも，同じ実験をやってみる．

結果

ハンマーでうまくたたくと，成功すれば上のだるまがだるま落とし用の円柱の上にすーっと落ち，倒れない．失敗すると，倒れる．

実験① -2：摩擦力の実験（もちろん巨大だるま落としで実験しても大丈夫 !!）

準備

卓上版のだるま落とし，ばねばかり

実験

1. ばねばかりをセロハンテープで，卓上版のだるま落としにつけ，垂直抗力と摩擦力の大きさとの関係を調べてみる．なお摩擦力の大きさは，横にすべらせるばねばかりで測定する．

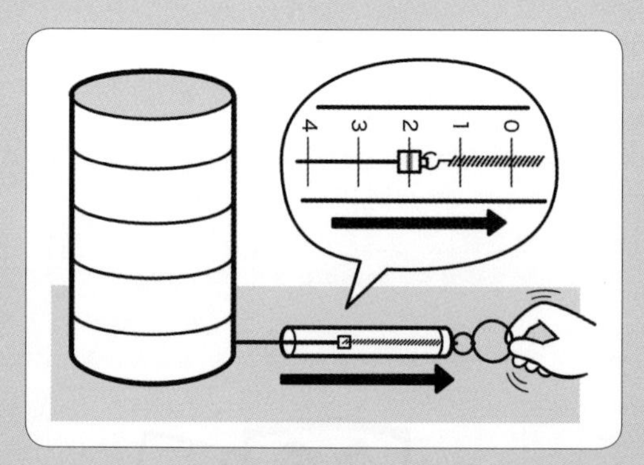

2. 横軸に垂直抗力 N を，縦軸に摩擦力 f をとってグラフを作成し，静止摩擦係数 μ を求める．また動摩擦係数 μ' も求めてみる．

結果

だるま落としの積み台は，ある大きさの力を超えないと動かない（最大摩擦力）．このときのグラフは図のようになり，最大摩擦力 f_m と垂直抗力 N は比例していることがわかる．静止摩擦係数 μ は，このグラフの傾きである．数式では，

$$f_m = \mu N$$

となる．

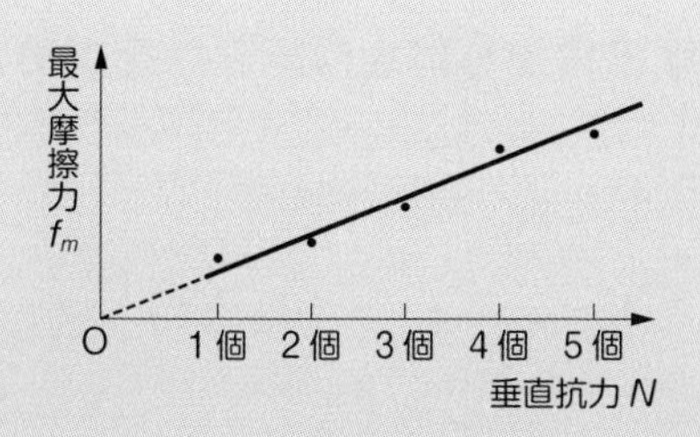

また，物体が動き出したあと，ばねを用いて動摩擦力を読み取ると，次のグラフのようになる．

よって，動摩擦は，最大摩擦力よりも小さいことがわかる．

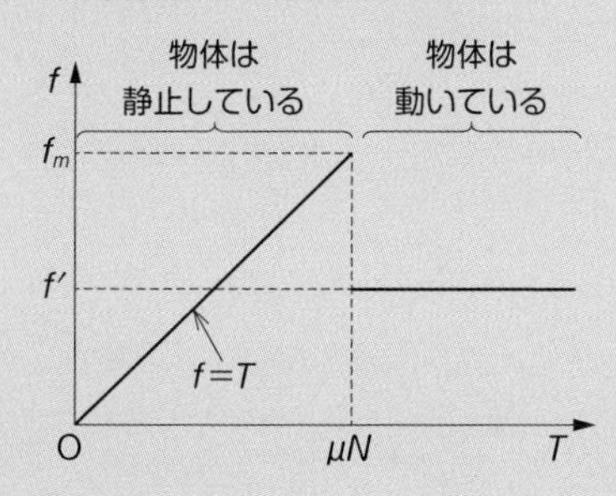

実験① -3：摩擦係数が変わるよ

準備

実験① -2 のだるま落とし，紙やすり，耐震シート，アルミ板など

実験

1. だるま落としの積み重ねる個数を一定にして，一番下の積台の底に，紙やすりや，耐震グッズのシートや，アルミ板（アルミ缶飲料の側面を利用）を貼り，「実験① -2：摩擦力の実験」を行う．
2. 底面の状態によって，静止摩擦係数も動摩擦係数も変化するか確かめてみる．

結果

耐震シートの場合，ばねばかりで引いてもほとんど動かず，ばねばかりの目盛りが振り切った．紙やすり（粗）の場合，静摩擦係数が 0.72 で動摩擦係数が 0.40 であった．紙やすり（細）の場合，静摩擦係数が 0.62 で動摩擦係数が 0.34 であった．アルミ板の場合，静摩擦係数が 0.30 で動摩擦係数が 0.21 であった．なお，だるま落としの台の下をそのままにした場合，静摩擦係数が 0.55 で動摩擦係数が 0.38 であった．

実験① -4：摩擦角から静止摩擦係数を求めよう

準備

実験① -2 のだるま落とし，分度器，斜面

実験

1. だるま落としの積み台を，斜面の上において，摩擦角を測定する．
2. 斜面上の物体のつり合いから，静止摩擦係数を求める．最大摩擦力 f_m を，垂直抗力を N とする．このとき求まった θ を摩擦角という．この摩擦角から，静摩擦係数を求めるには，以下の式を用いて行う．

$$\begin{cases} f_m = \mu N \\ x: \ f_m - mg\sin\theta_0 = 0 \\ y: N - mg\cos\theta_0 = 0 \end{cases} \Rightarrow \ \mu = \frac{f_m}{N} = \frac{mg\sin\theta_0}{mg\cos\theta_0} = \tan\theta_0 \ \Rightarrow \ \therefore \mu = \tan\theta_0$$

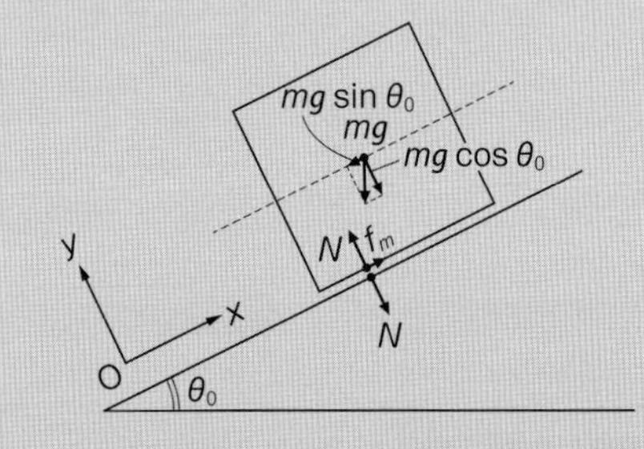

結果

摩擦角は 29°，つまり $\mu = \tan 29° = 0.554 \fallingdotseq 0.55$ であった．ばねを用いた静止摩擦係数が 0.55 だったので，一致することがわかる．

分野 物理　**レベル** ☆☆

風船ホバークラフト

車は急には止まれない！　慣性の法則を表す一番よく知られた標語ではないだろうか？　まさに物理学の原理をわかりやすく説いている．慣性の法則の実験では，風船で作るホバークラフト実験は有名だが，風船をさらに大きくして，巨大風船でもホバークラフト実験をしてみよう．巨大風船だと 10 m ぐらい走らせることができるし，止めようと思うと強い衝撃を受け，慣性を実感することができる．最初に巨大版を作って実験し，そのあとで卓上版を作って実験してみよう．

実験② -1：巨大風船ホバークラフト

準備

プラスチック段ボール，段ボール，ペットボトル（500 mL），ガムテープ，巨大風船（1 m ぐらいあると面白い），ブロワー

工作

1. プラスチック段ボールを直径 1 mの円形に切り，中心にブロワーの口が入る程度の穴を空ける．
2. ペットボトルの上部を切り取ったものと大型風船をガムテープで接着し，プラスチック段ボールを下にして接着する．
3. 巨大風船の自重で傾かないように段ボールで巨大風船のクビに囲いを作る．

実験

1. 長い廊下や体育館に移動し，ブロワーで風船を膨らます．
2. 床をすべるように押して走らせる．

結果

ほぼ等速直線運動をすることが実感でき，慣性の法則を実感できる．

実験② -2：卓上版風船ホバークラフト

準備

不要の CD や DVD，ペットボトルキャップ，風船，セロハンテープ，100 円ショップの空気入れ（ストローの穴にあうノズルを選ぶ），固いストロー（空気入れに合うもの），接着剤，千枚通し，はさみ

工作

1. ペットボトルキャップの中心にストローの直径サイズの穴をあける．最初，千枚通しで穴をあけ，はさみの歯で穴を大きくするとよい．
2. 固いストローを 3 cm 程度に切り，キャップ穴に埋め込み，まわりを接着剤で密着させる．このときストローの埋め込んだ先端が，キャップの外にはみ出ないように気をつける．
3. CD にペットボトルキャップをセロハンテープかボンドで密着させる．ストローに風船をかぶせ，セロハンテープでとめる．空気漏れがないか十分に確認しておく．風船がすぐにしぼむ場合は，ストローの出口にセロハンテープを貼り，噴出する空気の量を調節する．

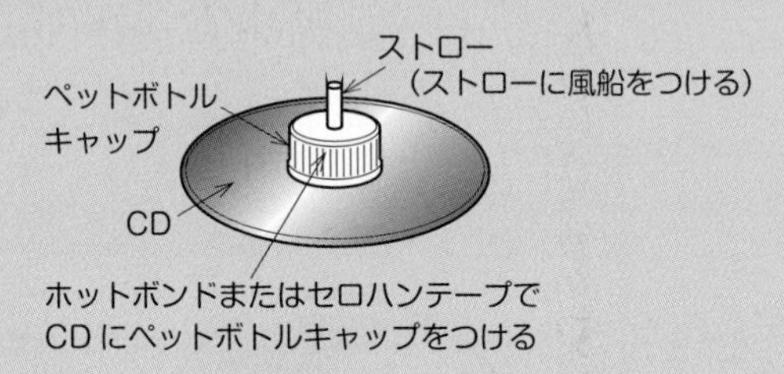

実験

1. 空気入れを CD 板の方からストローに差し風船をふくらませる．自分の息で風船をふくらませても OK．空気入れを外すときは，風船のクビのついているストローを押さえ，空気がもれないようにして外す．

結果

水平な面に置いてから，風船のクビを押さえている指をはなすと，出ていく空気によりホバークラフトは浮き，長い距離を運動する．

分野 物理　レベル ☆☆☆

人が乗れるホバークラフト

準備

人が座れる大きさの板（木の板や段ボールを重ねたものなど），ゴミ袋（丈夫なもの，90 L × 1～2 枚），ブロワー（コードレスだと動ける範囲が広くなる），セロハンテープ，両面テープ，はさみ（または，カッターナイフ）

工作

1. ゴミ袋の片面（裏側）だけに直径 4 cm 穴を 8 個あける．
2. ブロワーの口が入るくらいの穴を，板の前方にあける．
3. 板にあけた穴と同じ位置に，ゴミ袋の表側にも，ブロワーの口が入るくらいの穴をあける．

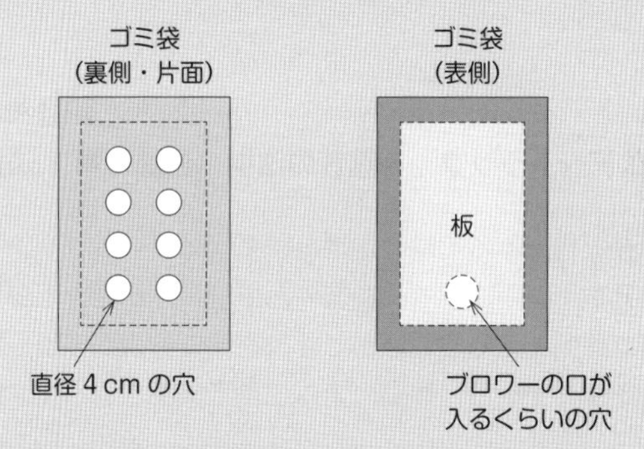

4. あけた穴をセロハンテープでつなげる．
5. ゴミ袋と板を両面テープで貼る．

実験

1. ブロワーを穴にさして，ブロワーで空気を入れて十分浮いたら，後ろから押してもらう．

結果

後ろから押してもらうと前に進む．また，もう 1 台ブロワーがあれば，前進・後退など自由に動くことができる．

分野 物理　レベル ☆☆☆

エアートラック　～慣性の法則（運動の第 1 法則）の実験～

等速直線運動を目でみる実験の定番といえばエアートラックである．しかしエアートラックは数十万円もする．空気の力で滑走体が浮き上がり，まるで摩擦がないかのような運動を楽しむことができ，物体に外力が作用していないときには等速直線運動をするという，運動の第 1 法則を実感を伴って学ぶことができる．

実験④ -1：巨大版エアートラック

準備

走行部製作用の透明アクリルや塩化ビニルの筒（長さ 2 m 程度，厚み 2 ～ 3 mm 程度，直径 5 ～ 6 cm 程度），段ボール，円筒型のペットボトル（500 mL），ガムテープ，ブロワー 2 台（1 台でもよい），ネオジム磁石偶数個

工作

1. 透明アクリルや塩化ビニルの円筒パイプ（長さ 2 m 程度，厚み 2 ～ 3 mm 程度，直径 5 ～ 6 cm 程度）の上下を決め，上側に 1 cm 間隔で 3 列の穴をあける．
2. 円筒パイプの両端にブロワーを差し込む．もし，ブロワーが 1 台しかない場合，他端を完全にふさぐ．この装置がきちんと立つように，段ボールなどで台を工夫して作る．本を積むだけでもよい．

3. 滑走体は，円筒型の 500 mL ペットボトルの胴体を利用して作り，イラストのように円筒パイプのコースに差し込む.
4. ペットボトルに胴体の下側に鉄製の重りをつけ，これにネオジム磁石をつける.
5. 段ボールの支えで，ペットボトルの重りにつけたネオジム磁石の高さに，滑走体が反射するように，ネオジムの同極を貼り付ける．右の段ボールに N 極とすれば，左の段ボールに S 極をつける.

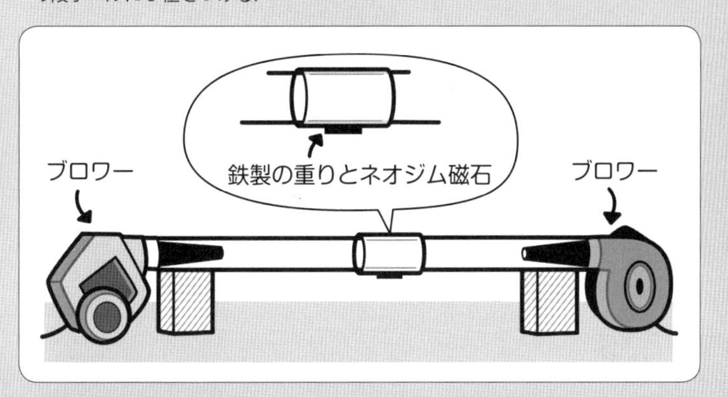

実験

1. ブロワーのスイッチを入れて，滑走体を手で移動させてみる.
2. ストップウォッチを使って等速直線運動になっていることを確認する.

結果

ブロワーのスイッチが入っていると，エアーの力で滑走体が浮いているので，円筒パイプのコースとの摩擦がなくスイスイと動き続ける．ブロワーのスイッチを切ると，滑走体は円筒パイプのコースとの摩擦のため，急ブレーキが効いて止まる.

実験④ -2：卓上版エアートラック

準備

A3 クリアファイル，ストロー，カッター，千枚通し，セロハンテープ

工作

1. A3 クリアファイルを幅 8 cm 程度に切り取り，2 cm ずつカッターで軽く押り目を入れて折り曲げ，三角柱を作る.
2. この三角柱の頂角をはさむように，1 cm 間隔で印をつけ，その位置に千枚通しなどで穴をあける.

3. 三角柱の中に空気を送り込めるように，ストローを取り付け，反対側は封じる．
4. 滑走体は，クリアファイルで二等辺三角形の形に作り，三角柱のコースにまたがるようにおく．

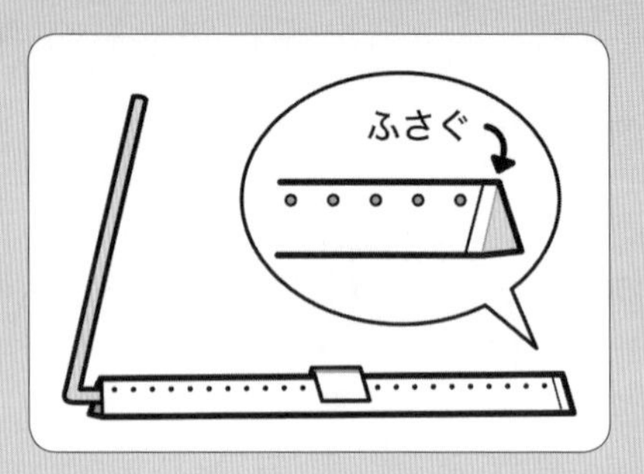

実験

1. ストローから息を吹き込みながら，滑走体を運動させる．
2. 息を吹くのをとめてみる．

結果

エアーの力で滑走体が浮き，三角柱のコースとの摩擦がほぼ無いので，息が続く間はスイスイと動き続ける．等速直線運動を友達同士で測定し合って確かめてみることができる．息を吹くのをとめると，滑走体はコースとの摩擦のため，急ブレーキが効いて止まる．

これらの実験からわかること

エアートラックもホバークラフトも，空気を出すことによって摩擦を減らしているので，エアートラックでは，滑走体を一度押せば減速せずほぼ一定の速度で動くことが観察できる．ホバークラフトも押したあと，空気が抜けきるか，壁に当たるまで等速直線運動をする．

このことから，エアートラックやホバークラフトのように地面との摩擦をなくしておくと，「**物体は一担，速度を与えると等速直線運動をする**」ことがわかる．

6 ガリレオと望遠鏡

ガリレオ・ガリレイ
(Galileo Galilei，ユリウス暦 1564 年～グレゴリオ暦 1642 年)

ガリレオ・ガリレイとは？(前項も参照) ～「天文学の父」ガリレオ～

ガリレオは 1630 年に『天文対話』を執筆した．その中では，天動説と地動説の両方を仮説とし，それぞれを信じる 2 人とその間をとりもつ中立者の計 3 人の対話という形を取り，地動説のみを唱えて禁令にふれないよう書かれていた．しかし，『天文対話』(1632 年フィレンツェで発行) が，発行された翌 1633 年，ガリレオは再度ローマ教皇庁に出頭するよう命じられてしまう．そして，1616 年の裁判で地動説を唱えないと誓約したにもかかわらず，『天文対話』を発刊したのはそれを破ったとされ，有罪の判決を受けてしまった．裁判でガリレオは有罪となった後につぶやいたとされる“E pur si muove”(それでも地球は動く) という言葉は有名である．

望遠鏡の発明まで

人類は，光とは何かという疑問を何千年も昔から抱いてきた．古代の人々も，光が直進することや反射の法則を知っていたようであるが，人類で初めて明確に示したのは，ユークリッド（エウクレイデス，紀元前330～275年頃）である．古代ギリシャでは光学は数学の一分野であった．自著『カトプトリカ（反射視学)』では，反射の法則，凹面鏡で太陽の光を一か所に集めて物を燃やす様子，そして，凸面鏡に反射された光の道筋を描いた．自著『オプティカ（視学)』では，「眼で物体が見えるのは，眼から出た《放射物》というものが物に届くからだ」としている．また，自著『原論』は「幾何学」についての知識をまとめた．幾何学を使って光の道筋について書き残したというわけである．

ガリレオは，物体の運動や天体について重要な研究を行い，地動説を広めたが，その大切な研究道具になったのが，レンズだった．オランダで「望遠鏡」の発明特許（1608年）を聞き，ガリレオ式の望遠鏡の発案にいたった．

ガリレオ式望遠鏡の原理

ガリレオは，熟考の末，平凸レンズと平凹レンズを一直線に配置すれば望遠鏡ができ，その倍率は平凸レンズの焦点距離を平凹レンズの焦点距離で割った数値になると考え，自分自身で2枚のレンズと筒を組み合わせて，20倍から30倍ほどの倍率を持つ望遠鏡を作製した．1609年には，月面観測を行い，山や谷があることを発見し，翌年の1610年には，木星には4つの衛星（月）があることを発見した．

ガリレオ式望遠鏡

ガリレオは，望遠鏡を用いて天体をくわしく観察し，多くの天体の描写画を，『星界の報告』(1610年）に掲載した．このことは，地動説や科学的なものの見方・考え方を人々に伝える役目を果たすこととなり，ガリレオは「**天文学の父**」と呼ばれるようになった．

Let's 再現！～実際に実験を行って確かめてみよう～

凸レンズを手でもって，遠くの景色をみると上下・左右が反転する．ガリレオ式望遠鏡では，接眼レンズに凹レンズを使うことで，もともと目でみたようにみえる．このような像を**正立の像**という．しかし，ガリレオ式は視野が狭く扱いにくいため，現在の天体望遠鏡ではケプラー式が利用されている．ケプラー式望遠鏡では，この反転した像を大きく拡大するので，反転したままの倒立の像となるが，拡大しても扱いやすい．

実験 1　ガリレオ式望遠鏡

分野 物理・地学（天文）　**レベル** ☆

準備

2本のラップの芯，A4の黒い紙，凸レンズ1枚（100円ショップの虫眼鏡やルーペ，老眼鏡など），凹レンズ1枚（100円ショップの双眼鏡など），セロハンテープ

工作

1. 2本のラップの芯をほぼ真ん中で半分に切り，これにA4の黒い紙をしっかりと筒状に巻き付ける．
2. 黒い紙のラップの芯のない方に，もう1本のラップの芯を差し込む．これで，ラップの芯が抜き差しでき，ピントを合わせることができる．
3. 外筒の外側に，対物レンズとして凸レンズを筒の円の口の中心に合わせてセロハンテープでしっかりとめる．
4. 抜き差しするラップの芯の筒の外側に接限レンズとして凹レンズを筒の円の口の中心に合わせてセロハンテープでしっかりとめる．これで完成．

実験

1. 懐中電灯の豆電球の明かりなど見て，望遠鏡のピントの合わせ方を練習する．
2. 夜は月を観察してみる．うまくいけばデジカメで撮影してみる．
3. 昼は遠くの景色をみてみる．

解説

ガリレオ望遠鏡では，まず，対物レンズに凸レンズを使い，レンズの中心を通り抜ける光線と，光源 PQ から平行に出た光線が焦点 F_1 に入るように描いた光線が交差する点で倒立実像 P′Q′ を結ぶ．この倒立実像が接眼レンズにより正立虚像 P″Q″ を結び，これを見ることになる．

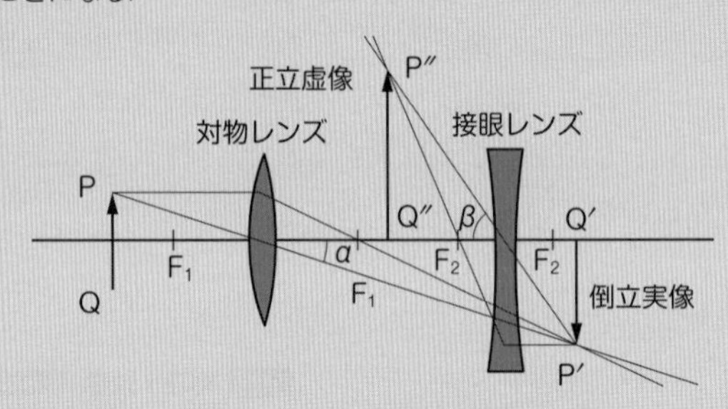

倍率 M は，物体 PQ と像 P″Q″ の視角の比 β/α によって表す．対物レンズの焦点距離を f_0，接眼レンズの焦点距離を f_e とすると $M = f_0/f_e$ となる．

観察したい物体が，天体のように非常に遠方にある場合は，平行光線が入射するとみなせるので，凸レンズの焦点 F_1 の位置に集光すると考える．天体を PQ とすると，凸レンズから焦点距離 f_0 だけ離れたところに像 P′Q′ を作る．この像 P′Q′ を，凹レンズで拡大してみることになる．また一般に，望遠鏡の倍率 M は，物体 PQ と像 P″Q″ の視角の比 β/α によって表す．α，β がともに小さいとして，

$$M = \frac{\beta}{\alpha} = \frac{\dfrac{P'Q'}{f_e}}{\dfrac{P'Q'}{f_0}} = \frac{f_0}{f_e}$$

となる．対物レンズの焦点距離が 50 cm，接眼レンズ焦点距離が 5 cm の場合，倍率は約 10 倍である．

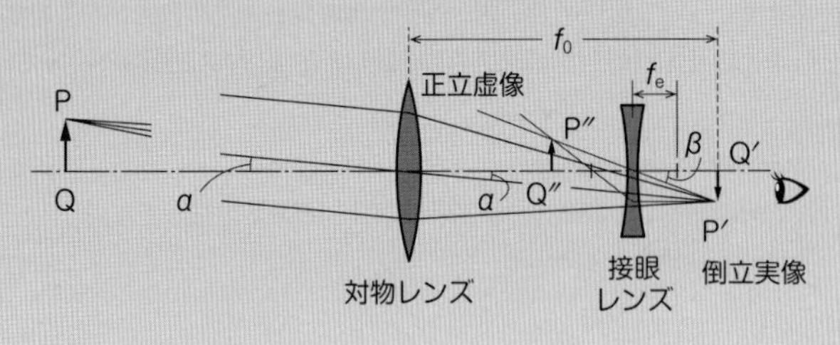

実験 ❷

分野 物理・地学（天文） レベル ☆☆

ケプラー式望遠鏡

準備

焦点距離の異なる凸レンズ（2枚），筒などはガリレオ式と同じものを用意

工作

ガリレオ式と同じ

実験

1. ガリレオ式と同じ実験を行う.

解説

ケプラー式望遠鏡では，対物レンズ（凸レンズ）の中心を通り抜ける光線と，光源PQから平行に出た光線が焦点F_1に入るように描いた光線が交差する点で倒立実像P′Q′を結ぶ．この倒立実像が接眼レンズにより倒立虚像P″Q″を結び，これを見ることになる.

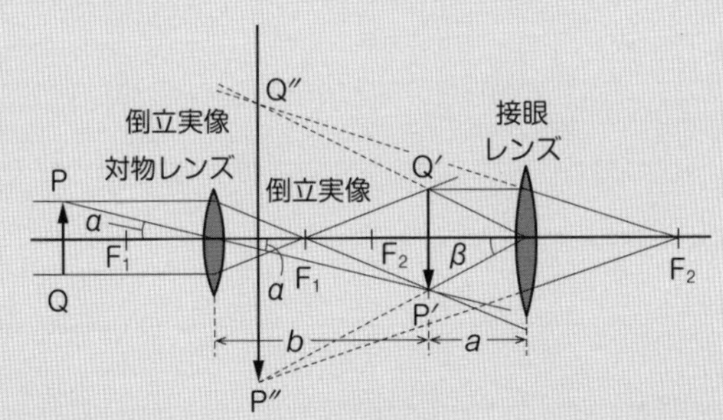

倍率Mは，ガリレオ式望遠鏡と同じく，物体PQと像P″Q″の視角の比β/αによって表す．対物レンズの焦点距離をf_0，接眼レンズの焦点距離をf_eとすると$M = f_0/f_e$となる.

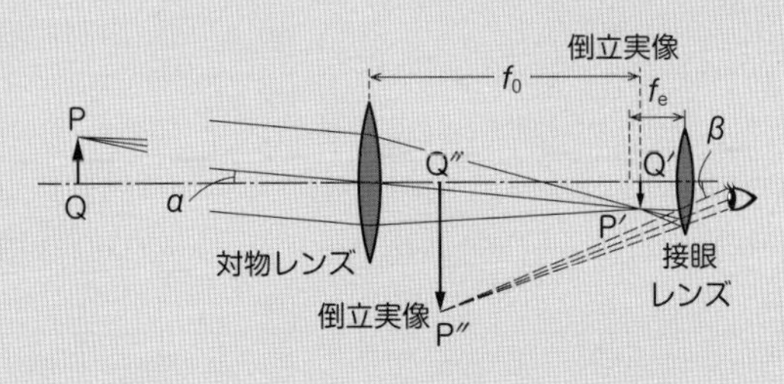

これらの実験からわかること

レンズを組み合わせて用いると，一つのときよりも大きく拡大できることがわかり，天体観測なども可能となる.

トリチェリの真空実験 ～1643年　大気圧の実験～

エヴァン ジリスタ・トリチェリ
(Evangelista Torricelli, 1608～1647年)

エヴァン ジリスタ・トリチェリとは？

エヴァン ジリスタ・トリチェリ（以降，トリチェリ）は，ガリレオの弟子で，イタリアの物理学者である．ファエンツァで生まれ，ローマに出て最初は数学者ベネデット・カステリの秘書をしていた．1641年からはガリレオの弟子となり，ガリレオの死まで研究をともにした．その後はトスカーナ大公フェルディナンド2世に数学者・哲学者として招かれ，ピサ大学の数学の教授に任命された．1647年，腸チフスのため39歳で没した．水銀気圧計の発明者ともいわれ，圧力の単位トル（Torr）はトリチェリの名にちなんでいる．

トリチェリの真空実験の発見まで

人類が意図的に地上で真空状態をつくったのは，歴史的に 1643 年トリチェリが最初であるといわれている．17 世紀はじめの頃，住居には鉱石が多く使われ，イタリアの鉱山では鉱石を採掘のため，井戸を掘る職人が活躍していた．彼らは，ポンプで汲み上げられる水の高さは，図にみるように，ある限界があることを経験から知っていた．ガリレオは，このことに注目した．

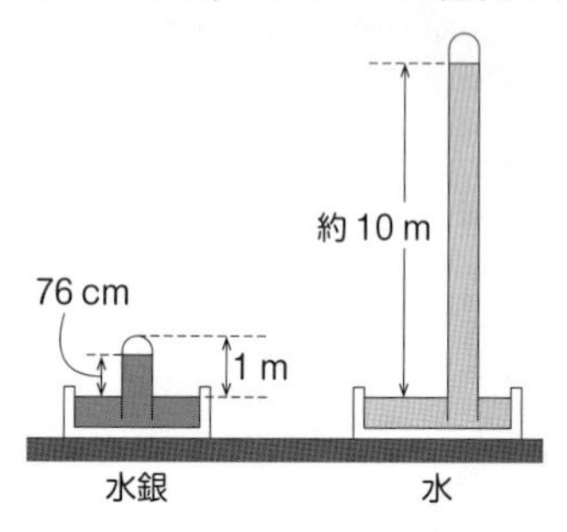

ガリレオはポンプで汲み上げられる水の高さの正確な測定を，繰り返し行い，その限界がほぼ 10 m であることを突き止めていた．彼はその原因として，空気の重さ（**大気圧**）が関係しているのではないかと推測した．今では，空気に重さがあることは常識になっているが，当時の人々には目で見えない透明な空気に重さがあることに気づかなかった．このことを，水銀を使ってみごと可視化実験として行ったのが，トリチェリである．

トリチェリの真空実験って？

トリチェリは，図のように，一端を閉じた長さ 1 mほどのガラス管に，比重が 13.6 という重い水銀を満たし，水銀槽の中で倒立させてみた．その結果，水銀槽の表面からおよそ 76 cm の高さのところで水銀柱が止まり，ガラス管の上端の部分には透明な空間ができた．この透明な空間を，彼は「**真空**」であると考えた．水銀柱の高さは，ガラス管の太さを変えても，あるいはガラス管を斜めに立てても，水銀槽の表面からの高さは変わらず，上部には透明な空間（真空）ができた．このことから，水銀柱の高さだけを問題とすればよいということがわかった．

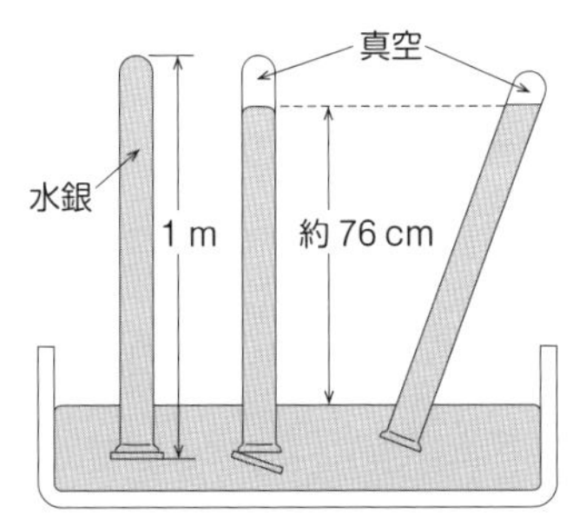

トリチェリの真空実験

Let's 再現！～実際に実験を行って確かめてみよう～

私たち人間は，最初から大気圧がある環境の中で生まれているため，大気圧を日々の生活の中で実感するのは難しい．大気圧に関した身近で不思議な現象を実験で体験することで，大気圧の謎を解き明かしてみよう．ここでは，このような実験を積み重ねることで，トリチェリの実験にせまってみよう．

分野 物理・地学　**レベル** ☆

空き缶つぶしスーパー実験

準備

空き缶，トースター，トング，洗面器など，水

実験

1. まず缶の中に少量の水を入れ，トースターでゆっくりと熱す．
2. 水が激しく蒸発したら口の開いている側を下にして，素早く洗面器などの水の中に入れる．

結果

空気の力で，指１本触れることなく，空き缶がつぶれる．

理由

缶の中の水は沸騰すると体積が1700倍になり，缶の中にもともとあった空気を追い出してしまい，缶内には水蒸気が充満する．これを口を逆さにして洗面器などの中に入れると，缶の中にたまっていた水蒸気は，急激に冷やされ，1700分の1の体積に収縮するため缶の中はほぼ真空となる．缶は，内側からも大気圧と同じ圧力で外に押していれば，缶の形を支えることができるが，缶の内側がほぼ真空となると圧力のバランスが崩れ，外側にかかる大気圧に耐えられなる．その結果，缶はグシャッとつぶれてしまう．まさに，大気圧を実感できる実験である．

なお，スーパー実験と名付けたのは，一般に空き缶つぶしの実験は，コンロなどを用いて行う場合が多い．実験ショーなどで行う場合には，火の出るコンロは消防法にふれ利用できないが，この実験では，食パンを焼くときのトースターを利用することで，安心して実験ができるからである．

一斗缶つぶし

分野 物理・地学　**レベル** ☆☆

今度はスケールを大きくし，一斗缶つぶしに挑戦してみよう！　一斗缶とは，一般家庭では，石油ストーブ用に灯油を購入する際に灯油を入れる缶のことで，灯油が一斗入っているというわけである．なお「斗」とは，尺貫法における体積（容積）の単位であり，10升が1斗，10斗が1石となる．日本では，明治時代に1升＝約1.8039 Lと定められたので，1斗＝約18.039 Lである．

準備

一斗缶，水，コンロ，ひしゃく

実験

1. コンロの上に，一斗缶を置き，一斗缶の中に，水を100 cc（100 mL）程度入れる．
2. コンロに点火し，一斗缶内の水を沸騰させる．
3. 水が沸騰したら，一斗缶の栓をシッカリ閉める．
4. 一斗缶に，ひしゃくで水を一杯かける．

結果

一斗缶は大きな音を出し，つぶれてしまう．

理由

一斗缶がつぶれる理由は，空き缶つぶしと同じ理由である．

分野 物理・地学　**レベル** ☆☆☆

ドラム缶つぶし

さらに，スケールアップしたド迫力の実験である．ドラム缶（steel drum）とは，200 L 以上の大型の金属製の缶のことをいい，多くは鋼鉄で作られている．ガソリン，灯油のような燃料油や塗料，溶剤，化学薬品，医薬原料などの工業材料とその製品などの液体を入れ，運搬や貯蔵に用いられる缶である．ドラム缶は，人間の力では到底潰すことは不可能である．そこでドラム缶の周囲を押している空気の力，つまり大気圧を利用しよう！というわけである．

準備

ドラム缶，キャンプ用コンロなどの大型コンロ，薪，木炭，ブロック，耐火性ボード，水，皮手袋，キャンプ用のコンロの場合はプロパンガス

実験

1. まず，大型コンロをつくる．耐火性のボードなどの上にブロックを組んで大型のコンロを接置する．
2. 次に，ドラム缶内に水を適量入れて，ドラム缶のキャップをしないで加熱する．
3. 15 分ほどで沸騰し，注入口から湯気が出始める．やがて注入口付近から，激しく湯気が出て水蒸気へと変わる（温度計で測定可能なら，100℃程度を確認する）．このときドラム缶内は水蒸気に満たされている．
4. 缶口からでる湯気が，透明な水蒸気に変わったのを確認してから消火し，焼けど防止用の皮手袋などをはめて，すばやくキャップを確実に閉める．
5. キャップが確実に閉まったことを確認したら，勢いよくホースで水をかける．

結果

少し水をかけ続けると，しばらくして大きな音を立て，迫力満点につぶれる．

理由

空缶つぶし，一斗缶つぶしと同じ理由である．

実験 4　1気圧体感実験

分野 物理・地学　**レベル** ☆

ここで，大気圧を頭で考える実験をやってみよう．

準備

厚紙，セロハンテープ，はさみ

工作

1. 弁当箱のような箱（高さ 5 cm 程度）を 10 個作る．

実験

1. 富士山の絵を黒板に描き，海抜 0 m の上にある大気の柱，すなわち空気柱と，富士山の上にある空気柱の高さを比較する．

結果

富士山山頂での空気柱の高さが低いことから，手のひらで受ける圧力が小さいことを実感する．つまり，気圧が低いことがわかる．

理由

気圧 p は，その空気の柱の重さ（重力の大きさ）を面積 S で割ったものであるから，密度を ρ，空気柱の高さを h とすると，

$$p=\frac{Mg}{S}=\frac{\rho Vg}{S}=\frac{\rho Shg}{S}=\rho gh$$

となる．このことから，圧力 p は高さ h に比例し，空気柱の高さが高いほど大きくなることがわかる．1 気圧 = 1 atm = 1013 hPa である．

実験 5 マシュマロ実験

分野 物理・地学　**レベル** ☆

マシュマロを漬物の調理器の中に入れて減圧してみると何がおこるかな？

準備

マシュマロ（または少し膨らませた風船），漬物の簡易調理器

実験

1. 漬物の簡易調理器の中にマシュマロ（または少し膨らませた風船）を入れ，空気を抜いていく．

結果

漬物の簡易調理器の空気を抜くと，マシュマロが大きくなり，まわりの子供たちが喜ぶ．しかし，簡易調理器に空気を戻すと，マシュマロはもとの大きさに縮んでしまう．

実験 6　**分野** 物理・地学　**レベル** ☆☆☆

10 mホースの実験

トリチェリが行ったように，水銀で実験することは現在では有害であるという理由で理科実験などでは扱えない．そこで，トリチェリ時代の井戸掘りの職人のみなさんが利用した水で実験をしてみよう．

準備

11 m程度の耐圧透明ホース，シリコン栓（2 個）

実験

1. 11 m程度の耐圧透明ホースの端から水を入れ，ホース内を水で満たしたのち，両端をシリコン栓で封じる．
2. 4 階建てのベランダから，下に人がいないことを確認してから，ホースを 1 階の地面に向かって，ゆっくりと降ろす．

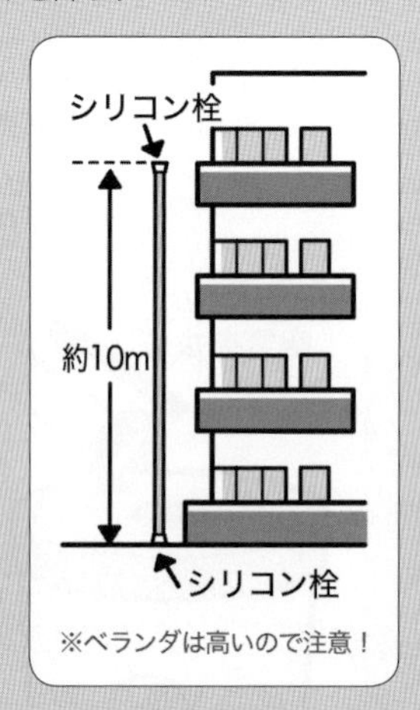

結果

最初，ホースは 11 m 分の水で満たされている．しかし，ホースをたらすと，高さ約 10 m あたりまで水が入っているが，その上の部分は，ほぼ真空な状態になる．なお，完全な真空ではなく，水が蒸発するため水蒸気圧が幾分か存在するので，10 mまで上がらない場合も多い．

分野 物理・地学　**レベル** ☆☆☆

実験⑥と実験②を組み合わせた 10 m ホースの実験

準備

11 m 程度の耐圧透明ホース，一斗缶，水

実験

1. 4 階のベランダで，一斗缶に水を満たし，11 m 程度の透明な耐圧ホースの一端を一斗缶の注入口に水がもれないようにつなぐ.
2. 下に人がいないことを確認してから，耐圧ホースのもう一端を一階の地面に向かって降ろす.
3. 一斗缶の中の水をちょろちょろと流す.

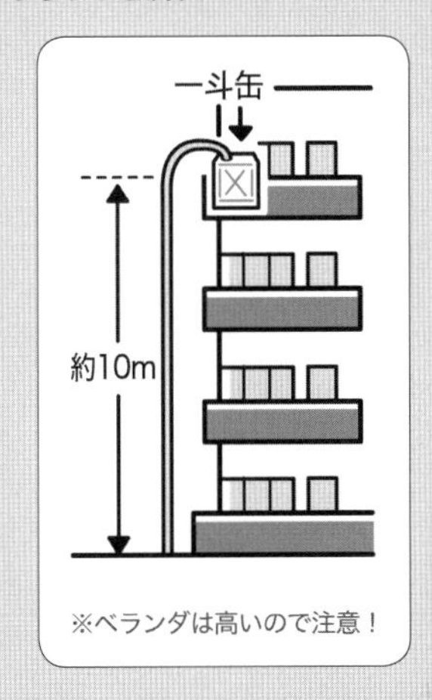

結果

最終的に，地面からほぼ 10 m の高さのところまで，水面が下りてくると，水面はそれ以上に下がらず，一斗缶がへこんでつぶれてしまう.

実験 8

分野 物理・地学　**レベル** ☆☆☆

ボウリング球引き上げ実験

ボウリングの球は，ボウリングをしたことがあればわかるが，かなり重い．これを空気を吸ってぬくことで，空気中に浮かせてみよう.

準備

そうじ機，直径約 30 cm の透明なアクリルパイプ約 1 m，ボウリングの球，添え木（2 個），ふた（段ボールで十分）

実験

1. 段ボールに，そうじ機のホースの口が入るように穴をあけ，ふたを作る．
2. 添え木の上に，アクリルパイプを置く．
3. ボウリング球の周囲にガムテープをまいて，ボウリング球の直径が，アクリルパイプに内径とほぼ同じくらいになるまで巻く．このとき，きちきちに巻くと，ボウリング球が動かなくなるので，ゆとりをもたせるように注意が必要である．
4. アクリルパイプの中にボウリングの球を入れ，上からふたをし，そうじ機を取り付ける．
5. 最初，実験器の装置を組まない状態で，ボウリング球をもってもらい，これをそうじ機で持ち上げられるかどうか質問する．
6. ボウリング球が浮くには，ボウリング球の上側と下側でどのくらいの圧力差があればいいのかを考えてもらい，そうじ機のスイッチを入れる．

結果

アクリルパイプの中にボウリング球を入れ，ふたをしてからそうじ機で吸引すると，ボウリング球が持ち上がる．このとき，アクリルパイプの底から空気が入るように添え木などを必ずしておく必要がある．そえ木がないと，大気がボウリング球を，下から上へ押し上げることができないためである．

これらの実験からわかること

ふだん私たちは大気の中で生活をしているため，大気が物理学的にすごく大きな力を我々に加えてくることに気づかずにいるが，これらの実験を通して，大気から受ける力の大きさなどを実感できる．

マクデブルクの半球 ～1654年　人類は真空のすごいパワーを知った！～

オットー・フォン・ゲーリケ
（Otto von Guericke，1602～1686年）

オットー・フォン・ゲーリケとは？

オットー・フォン・ゲーリケ（以降，ゲーリケ）は，ドイツの科学者，発明家，政治家で，特に真空の研究で知られている．ドイツのマクデブルクの貴族の家に生まれたゲーリケは，1646～1676年までドイツのマクデブルク市長を務め，三十年戦争のマクデブルクの戦いで壊滅状態に陥ったマクデブルクの復興に力を尽くしたといわれている．

マクデブルクの半球の発見まで

ゲーリケは，アリストテレスの「自然は真空を嫌う」という真空状態は作れないとする「真空嫌悪」説が一般的であった時代に，真空の特性の研究を行った．15 世紀には吸引ポンプがヨーロッパにもたらされ，17 世紀までにポンプの設計が進化し，ほとんど真空の状態を作り出せるようになっていた．

1635 年ごろ測定されたデータでは，吸引ポンプは 18 ヤード（ほぼ 9 ～ 10 m）ぐらいしか水があげられず，灌漑（かんがい）や鉱山の排水にとって問題となっていた．トスカーナ大公はガリレオに，この問題の解決を依頼した．ガリレオは広く問いかけたところ，ローマのガスパール・ベルティが，1639 年に水を使った気圧計のような装置で，水柱の上に真空を生じさせていたことがわかった．しかし，ベルティはそれが真空であるとは分かっていなかった．1643 年，トリチェリは，ガリレオの記述に基づき，水銀を使った気圧計を作った．彼は，水銀柱の上の空間が真空であると考えた．

その後，1654 年，ゲーリケは世界初の真空ポンプを発明し，有名なマクデブルクの半球の実験を行った．

マクデブルクの半球って？

マクデブルクの半球は，17 世紀のドイツのマクデブルクでゲーリケが行なった大気圧を認識するための実験である．直径 51cm の銅製の半球状容器を二つ組み合わせ，その内部の空気を真空ポンプで排気し，二つの半球それぞれに 8 頭の馬をつなぎ，両方から引っ張らせ，それでも二つの半球が離れなかった．

ゲーリケはこの実験を公開実験で行っている．最初のものは 1654 年 5 月 8 日レーゲンスブルクの帝国議事堂前において，神聖ローマ皇帝フェルディナント 3 世の前で行った．この実験により，デカルトが否定した真空の存在を証明した．ゲーリケは，真空が物体を引き付けるのではなく，周辺の流体が物体に対して圧力をかけていることを証明した．

「**マクデブルクの半球**」の呼び名は，当時ゲーリケがマクデブルク市長であったことに由来している．

Let's 再現！～実際に実験を行って確かめてみよう～

実験 1

分野 物理　レベル ☆

1 枚のゴム板で机を持ち上げる

準備

机，ゴムシート（3 mm 程度の厚さ，25 cm × 25 cm 程度），鍋ふたにつける取っ手，ワッシャー

実験

1. ゴムシートの真ん中に，鍋ふたの取っ手をとりつける．このとき，ゴムシートの裏側にワッシャーを入れておく．
2. 取っ手を上にしてゴムシートを机の上側の面に密着させる．
3. ゴムシートの取っ手を引き上げると，机までが持ち上がる．

結果

ゴムシートを持ち上げたとき，机の重さよりも周囲の大気圧による力のほうが大きいと，ゴムシートごと机が持ち上がる．

実験 2

分野 物理　レベル ☆

くっつくカード

空気の重さをトランプカードで体感してみよう．

準備

プラスチックのトランプのカード（2枚），粘着テープ付コード止め（2個）

実験

1. 1枚のトランプのカードの背面に，粘着テープ付きコード止めを1個，貼り付ける．これを2枚つくる．
2. 表面が平らな机の上に，コード止め付きトランプカードを1枚，貼り付けるように置き，そっと真上に引き上げる．
3. 次に，コード止め付きトランプカード2枚を，トランプカードの数字の面同士を合わせ，そっとコード止めをお互いに引っ張る．

結果

実験「2.」では，トランプカードを引き離しにくいことがわかる．実験「3.」では，簡単には引きはがせないことがわかる．

原理

空気中では常に気圧が働いていて，カードとカードを押し当てると，カードとカードの間の空気が押し出され，外側からの大気圧によってくっつく．

実験 ③ カップラーメンでマクデブルクの半球

分野 物理　**レベル** ☆☆☆

準備

即席カップ麺の容器（2個），クリアファイル（1枚），ストロー（2本），目玉クリップ（1個），発泡スチロール用接着剤，セロハンテープ

工作

1. 即席カップ麺の容器のふちにクリアファイルを用いて幅 2 cm 程度のつばを作り，ふちに接着剤で貼り付ける．これを 2 個作る．
2. 一方のカップ麺の容器の底に小さな穴をあけ，ストローを接着剤やセロハンテープで取り付ける．
3. もう一方は，底に穴をあけないでストローを接着剤やセロハンテープで取り付ける．

実験

1. 二つの容器を押し合わせてから，中の空気をストローで吸い出す．
2. 吸い出した側のストローを折り曲げてクリップでとめ，中に空気が入らないようにする．
3. ストローの部分を手に持って軽く引っ張る．

結果

二つの容器は，しっかりとくっついて，少し引っぱっても離れにくい．クリップをはずすと球の中に空気が入って容器は簡単に離れる．

解説

カップ麺の容器の内側の空気の圧力が減圧され，外側から容器を押す力が大きくなり，引き離すのにやや大きな力が必要となる．

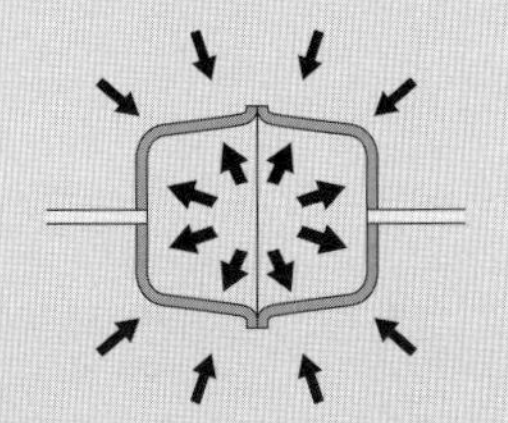

内側の圧力は外側の圧力より小さい

これらの実験からわかること

普段は，実感できない大気圧の存在を感じることができる実験であり，大気圧が大きいことが実感できる．

9 パスカルの原理

ブレーズ・パスカル
(Blaise Pascal, 1623～1662年)

ブレーズ・パスカルとは？

ブレーズ・パスカル（以降，パスカル）は，1623年，フランス生まれの哲学者，自然哲学者，物理学者，思想家，数学者，キリスト教神学者，発明家，実業家である．早熟の天才で三十代で逝去．『パンセ』には，「人間は考える葦である」という名言が記述されている．人間は，自然界の中で一本の葦のように弱い存在だが，しかし考える能力を持った偉大なものであるという意味である．その他，パスカルの三角形，パスカルの原理，パスカルの定理などで知られる．かつてフランスで発行されていた500フラン紙幣に肖像が使用されていた．天気予報で使われる気圧の単位ヘクトパスカルは，パスカルによる．

「確率」を最初に提唱したのもパスカルである．

パスカルの原理の発見まで

空気は質量を持つ．地球上では，質量がある物体は，地球の重力によって引き付けられるので，大気も重力によって引き付けられる．このことにより，大気圧が発生していたわけである．大気圧を目に見える形で示したのが，ガリレオのもとで働いたトリチェリーであった．彼は，長さ 1 m くらいのガラス管に水銀を満たしてから，水銀を満たした容器にガラス管を逆さにたてると，ガラス管内の水銀が下がり，水銀の液面から高さ約 76 cm で止まることを示した（1644 年）．どうして，そのようなことが生じるのかというと，ガラス管内の水銀柱の重さと，水銀面を押す大気圧（空気の重さ）とがつり合ったからである．これらの事を参考にパスカルは，ガラス管の太さや形を変えても，あるいはガラス管を傾けても，ガラス管の中の水銀柱の高さは一定になることを示した．

パスカルの原理って？

パスカルは，前述のとおり，ガラス管の太さや形を変えても，あるいはガラス管を傾けても，ガラス管の中の水銀柱の高さは一定になることを示した．このことは，不思議に感じられるが，実は，つり合っているのは一定の面積に加わる圧力であるということがわかる．これを**パスカルの原理**という．

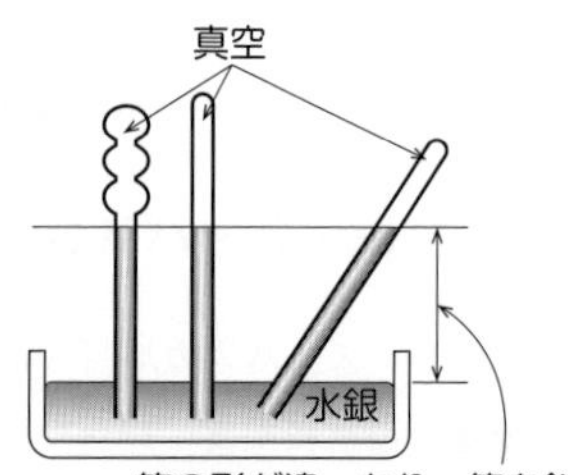

つまり「パスカルの原理」とは，一定の容器内部に液体を満たして，ある面に圧力をかけたとき，重力の影響が無ければ，その内部のあらゆる部分に均等に圧力が加わるというものである．

ここで，連通管での実験を考えてみよう．図のような U 字型の管に，水を注ぎ，ふたをする．一方の水面に押し下げるように圧力 p を加えると，もう一方の水面にも同等の圧力 p が加わる．均等な圧力がかかることを

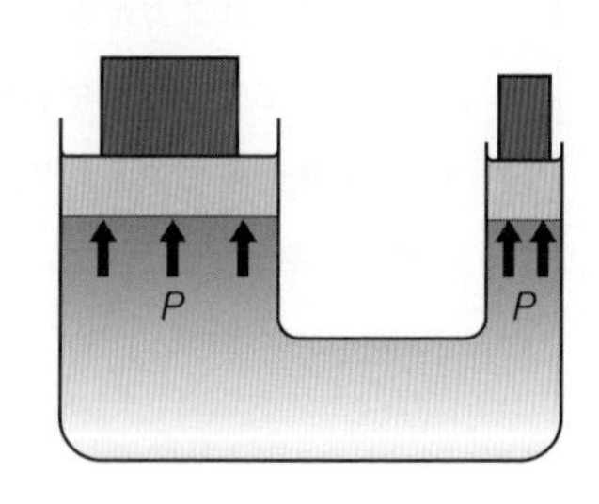

応用して，油圧ジャッキのように，小さな力で重いものを持ち上げることができる装置を作ることができる．

Let's 再現！～実際に実験を行って確かめてみよう～

分野 物理　レベル ☆☆

連通管

連通管は，二つまたは二つ以上の器の底部を曲管で連結して液体が自由に流通できるようにした容器，U 字管のことである．

準備

2 L 以上のペットボトルと 500 mL ペットボトル，大きな注射器と小さな注射器，ビニールチューブ，発泡スチロール板（厚さ 2 cm 程度），おもり

実験

1. 2 L ペットボトルと 500 mL のペットボトルを図のように，ビニールチューブでつなぎ，水を注いでから両方の水面に水面の全体を覆うように発泡スチロール板でふたをする．
2. 面積の小さい方におもりを乗せ，面積の大きな方にどのくらいのおもりを乗せることができるか調べてみる．
3. 大きな注射器と小さな注射器をビニールチューブでつなぎ，大きい注射器を子供たちが，小さい注射器を大人が持って互いに注射器の押し合いをしてみる．

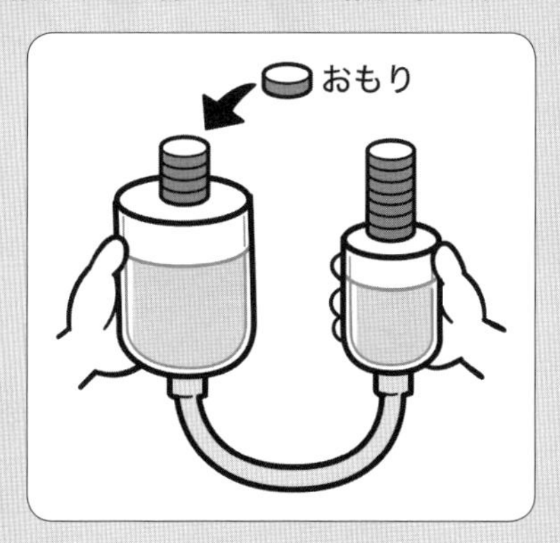

結果

面積の小さい方のおもりより，面積の大きな方がおもりを多く乗せることができる．大きい注射器と小さい注射器で押し比べをすると，大きい注射器を持っている方が楽に押すことができる．

実験❷ ごみ袋で自分を持ち上げる不思議な座布団作り

分野 物理　**レベル** ☆☆

この実験は，手作りの巨大連通管実験である．

準備

90 L 程度のごみ袋，ストロー，透明な幅広テープ

実験

1. 90 L 程度のごみ袋の空いている口の端にストローをつけて，口を透明な幅広テープで空気が漏れないようにしっかりと貼り付ける．
2. 人をごみ袋の上に座らせて，ストローから息を吹き入れる．人が座るのに不安定な場合は，1 枚，お風呂マットのようなシートをごみ袋の上にのせてから，人に乗ってもらう．

結果

ごみ袋がふくらむと，人が簡単に持ち上がる．

解説

まさに，パスカルの原理を体験できる実験で，ストローは細いほうがよい．この実験では人を持ち上げるのを難しく思ってしまいがちなため，水道のホースなどを使おうとするかも知れない．しかし，人を持ち上げているゴミ袋内の圧力を p，ストローの断面積を S_1，ゴムホースの断面積を S_2（$> S_1$）とすると，ストローをふくのにかかる力 f_1 は $f_1 = pS_1$，ゴムホースをふくのにかかる力 f_2 は $f_2 = pS_2$ となり，$f_1 < f_2$ ということがわかる．つまり，強い力で息を吹きこまないといけないため，とても難しくなる．ストローだと断面積が小さいため，舌でストローの穴をふさいでおくだけで，ごみ袋の中の空気が抜けず，人を楽々と持ち上げたままにできる．

実験 3

分野 物理　レベル ☆☆

サイホンの実験

サイホンとは，ホースなどで高いところの水を低いところに移す装置である．

準備

ガラスコップ 2 個，チューブ，ジュース

実験

1. ガラスコップにジュースを入れ，チューブで吸い上げ，もう一つの空のガラスコップの中にチューブを入れて，穴をはなす．

結果

中のジュースはチューブを通して液面が高い方のコップから，液面が低い方のコップに流れ出す．液面の高さが同じ高さになると，ジュースの流れはとまる．もちろん，チューブにはジュースが満たされたままである．

説明

コップの液面とチューブの出口に高さの差があると，チューブの最高点からそれぞれの液面まで高さの高い方がジュースのエネルギーが大きいので，低いほうに向かってジュースが流れる．アナロジーとしてジュースの代わりにくさりで考えると，液面の低い側のくさりの方が重いことから，ジュースは液面の低い方へ流れることが理解できる．

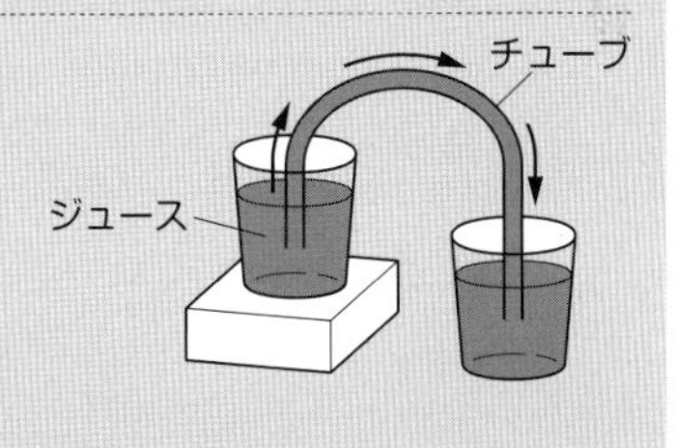

分野 物理　レベル ☆☆

浮沈子の実験

浮沈子は，パスカルの原理を利用したおもちゃで，容器を押したり離したりすることで，中にあるものが浮いたり沈んだりする．

準備

ペットボトル（500 mL など），魚型の醤油さし，ステンレスワッシャ，コップ，注射器（2 mL），ボンド

実験

1. 魚型の醤油さしのお腹のあたりにボンドを付けて半分程度折り曲げたステンレスのワッシャを貼り付ける．
2. 醤油さしに水を入れ，コップに入れた水に魚型の醤油さしを水平に浮かし，背びれが出るぐらいに調整し，醤油さしのキャップをつける．これが浮沈子となる．
3. ペットボトルに水を満タンに入れてから，浮沈子を入れ，ペットボトルのキャップのふたをしっかり閉める．

4. 次に 2 mL の注射器に約 0.5 mL 程度の空気を入れ，注射器の先を封じたものを，浮沈子としたものでも実験してみる．

結果

ペットボトルの胴体を手でへこませるように押すと，浮沈子（魚型も注射器型も）沈む．ペットボトルの胴体を押さえる力を緩めると，浮沈子は再び浮く．

理由

ペットボトルを強くにぎると，中の水の水圧が大きくなる．パスカルの原理により，浮沈子にはあらゆる方向から同じ圧力が加圧され，浮沈子の体積が小さくなり，浮力も小さくなる．これにより浮沈子は沈む．ペットボトルに加えていた圧力を解放すると，浮沈子にかかる圧力が減圧され，体積も元の大きさに戻り，浮力が大きくなる．これにより浮沈子は再び浮上する．

これらの実験からわかること

人類は，**パスカルの原理**を利用していろいろな装置を開発してきた．兼六園（金沢）の石樋 の「伏越の理」や通潤橋なども，その事例である．これらは，パスカルの原理に基づいた**逆サイホンの原理**を活用している．

めも

フックの法則

ロバート・フック
（Robert Hooke，1635～1703 年）

ロバート・フックとは？

ロバート・フック（以降，フック）は，イギリスの自然哲学者，建築家，博物学者で，ロンドン王立協会創設初期の会員でもある．実験と理論の両面を通じて科学革命で重要な役割を演じた．ボイルの実験助手を務めたのが縁で，ロイヤル・ソサエティの実験主任，その後，幹事として活躍した．

オランダのレーベンフックの単レンズ顕微鏡を知り，顕微鏡の改良を行い，鉱物や植物や虫を観察し「ミクログラフィア（Micrographia，顕微鏡図譜）」（1665）にまとめた．コルクの顕微鏡観察から，細胞（Cell）を命名した．ロンドン市の測量・建築事業に貢献したりもしたが，晩年は，ニュートンとの争いなどのため不遇であった．

フックの法則の発見まで

ギリシア時代，プラトンは，物質は「プシュケー」を持っていて運動を引き起こすと考えた．アリストテレスは，自著の『自然学』のなかで，物質の本性を原因であるとする自然な運動と，物質に外から強制的な力が働く運動を区別した．

ルネッサンスの時代，14世紀のビュリダンは，物自体に impetus（インペトゥス，いきおい）が込められているとして，それによって物の運動を説明した．これをインペトゥス理論という．シモン・ステヴィン（1548 ～ 1620年）は，力の合成と分解について，1586年に出版した自著“De Beghinselen Der Weeghconst”のなかで，斜面問題を考察し，どのような斜面に対しても斜面の頂点において力の釣り合いが保たれるには力の平行四辺形の法則が成り立つ必要があるとしている．同時代に，ガリレオも言及している．

その後，フランスの数学者，天文学者であるフィリップ・イール（1640 ～ 1718年）は，力をベクトルとして表した．ルネ・デカルトは渦動説（Cartesian Vortex）を唱え，「空間には隙間なく目に見えない何かが満ちており，物が移動すると渦が生じている」とし，物体はエーテルの渦によって動かされていると考えた．

このような力の大きさを測定したのが，フックである．1676年に**フックの法則・弾性の法則**がアナグラムで発表された．

フックの法則って？

ばねにおもりをつるし，つるしたおもりの個数とばねの伸びを測定すると，つるしたおもりの重さ，すなわちばねを引きのばす力Fとばねの伸びxが比例することがわかる．これを**フックの法則**(1660年フックが発見)という．

Fとxとの比例定数をkとすると，フックの法則は$F = kx$とかける．kは弾性定数あるいは，ばね定数とよばれる．単位は，MKS単位系ではN/mを用いる．

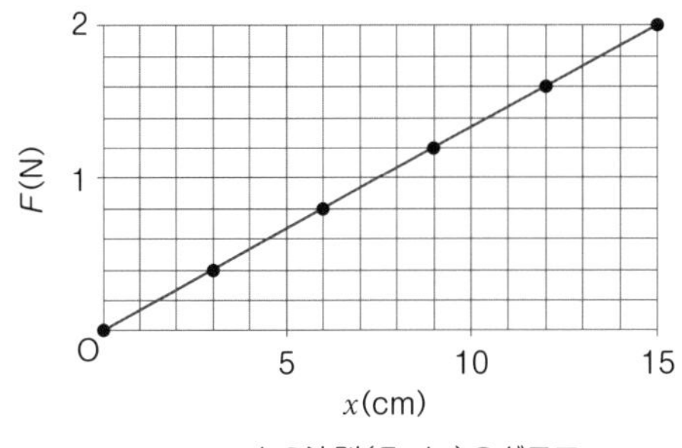

フックの法則($F=kx$)のグラフ

フックの法則の成果として，ぜんまいばねの開発がある．これを用いて，精度の高い携帯型の時計が作られるようになった．

コラム

◇ フックの横顔

ロバートフックは，ばねにかかる力とばねののびが比例することを発見した．これをフックの法則というが，フックはそれ以外にも，科学的に有名な発見がある．コルクを左下図のような顕微鏡で観察することにより，右下図のように，コルクにそれぞれの小さな部屋のような組織からできていることを発見し，これを細胞（セル）と名付け，ミクログラフィア（Micrographia，顕微鏡図譜）に著した．

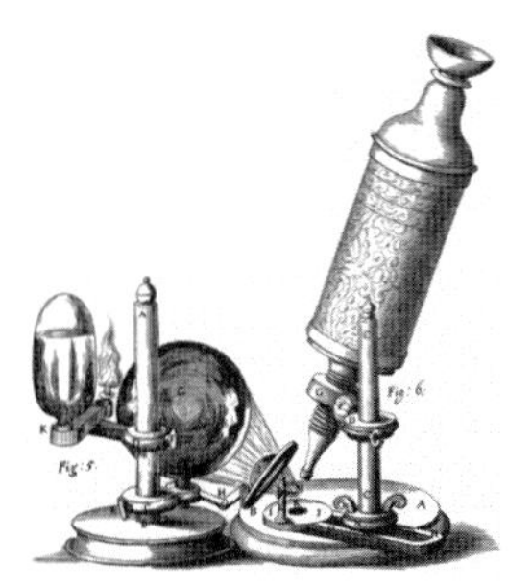
フックの顕微鏡
（『顕微鏡図譜』にある版画）

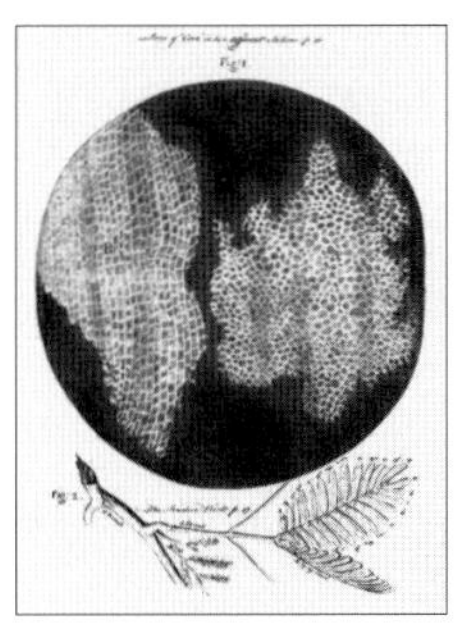
フックが描いた
コルクの細胞構造

Let's 再現！～実際に実験を行って確かめてみよう～

実験 1　　分野 物理　レベル ☆☆

ばねばかりを作ろう

準備

タピオカストローやアクリルパイプ（直径 1 cm 程度，長さ 20 cm 程度），つるまきばね，やや太い金属棒（フックにするので，曲げることが可能なもの），やわらかい金属線（ばねをつるすステンレス線など），幅 2 cm 程度のペットボトルの側面（タピオカストローに 1 周巻き付け補強する），セロハンテープ

実験

1. 上側にするタピオカストローの端にペットボトルの側面を巻き付け，セロハンテープなどでとめ，ばねをつるしても緩まないように補強する．アクリルパイプなら，そのままで大丈夫である．
2. タピオカストローの中に，**いったん伸ばして間を広げたばね**をつるす．ばねは，ペットボトルで補強した部分に金属線を通してばねをつるす．ステンレス線のような金属線だと，ばねはかりの 0 点の位置がずれなくてよい．
3. ばねの下方には，おもりをつるせるように下端をフックにした金属棒を作り，つるす．この金属棒に，目盛りを読み取るための印をつける．
4. タピオカストローに目盛りを描くために，ストローの表面にセロハンテープを貼り，セロハンテープの上に目盛りをつける．これで，目盛りの打ち間違いをしてもセロハンテープを貼りかえれば大丈夫である．
5. おもりをつるさず，原点を定め 0 点とする．重さのわかっているおもりをつるし（たとえば 0.5 N とか 1 N など），目盛りを打つ．N 単位と g 重単位の両方を入れておく．これで完成．

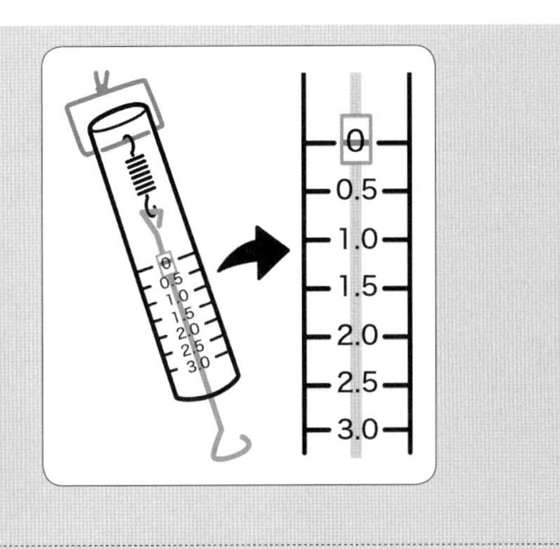

結果

おもりの個数とばねののびが比例する．このことより，ばねばかりとして活用できることがわかる．

実験 ② 押しばねばかりを作ろう

分野 物理　**レベル** ☆☆☆

実験①で作ったばねばかりは，重りをつるして重さ，つまり物体に作用する重力の大きさを測定する「引きばねばかり」であった．今度は，互いに押し合っても測定できるばねばかりを作ってみよう．

準備

実験①で作製したばねばかり，割りばし，スチレンボード（厚さ問わず），接着剤

実験

1. スチレンボードを正方形に切り，手のひらの絵を描く．
2. スチレンボードの面の中心に割りばしを垂直に接着する．

3. 割りばしの先端にはさみなどで切れ込みを入れ，ばねばかりの金属棒にあてる．これで，押しばねばかりの完成である．
4. 押しばねばかりを二つ用意し，お互いに手のひらの絵同士をくっつけ，片方の押しばねばかりでもう片方を押してみて二つのばねばかりの目盛を比べてみる．

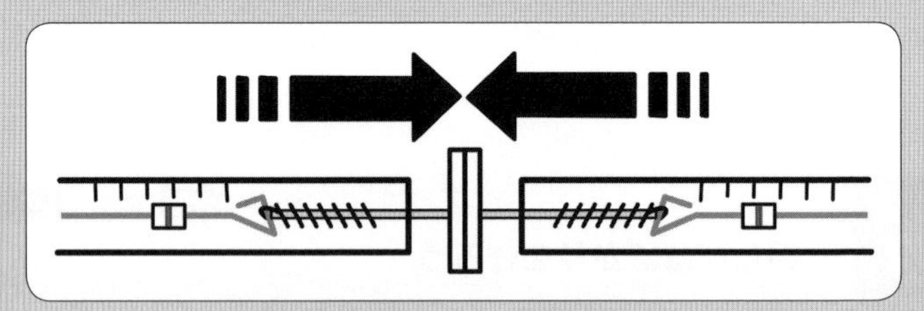

結果

押す側も押される側も同じ値になる．

解説

この場合のように 2 物体のうちの片方がもう片方を押すとき，押す力を「作用」という．このとき，片方のばねはかりは，他方を押して力を加えていると同時に，力を受けている．この受けている力を「反作用」という．

物体同士が力を及ぼしあうとき，必ず作用と反作用の両方が存在する．**作用と反作用は一直線上逆向きで等大である**．このことを「**作用・反作用の法則**」という．

これらの実験からわかること

ばねは，加えられた力の大きさに比例するので，力の大きさを測定する計量器として使うことができる．

運動の法則

アイザック・ニュートン
(Sir Isaac Newton，1642～1727年)

アイザック・ニュートンとは？

アイザック・ニュートン（以降，ニュートン）は，1642年のクリスマスにイングランドのウールスソープで生まれた．自然哲学者，数学者，物理学者，天文学者，神学者である．

1665年に万有引力，二項定理を発見，さらに微分および微分積分学へと発展することになったが，このころロンドンではペストが大流行し，ケンブリッジ大学も閉鎖された．1665～1666年にかけて，故郷のウールスソープへ戻り，この間に「流率法(Method of Fluxions，後に「微分積分学」)」や，プリズムでの分光の実験（『光学』），万有引力の着想などに没頭した．「ニュートンの三大業績」とされるものは，いずれも25歳ごろまでのこの18か月間の休暇中になしとげられた．

運動の法則の発見まで

静止物体に働く力についての学問である静力学は，ギリシア時代からの長い年月の積み重ねがなされていた．対してニュートンは，それまでにシモン・ステヴィン，エドム・マリオット，ガリレオ，ケプラーらの先人によって発展してきた物体の運動を動力学として体系づけ，これをニュートン力学として確立した．

ガリレオはすでに，一定の速さで運動する物体は，外力が作用しないかぎり等速直線運動を続けることを発見しており，ニュートンはこの慣性の法則を，ニュートンの運動の第 1 法則と位置付けている．このようにして，運動の法則はまとめ上げられた．

運動の法則って？

ニュートンの運動の法則は，**第 1 法則（慣性の法則）**，**第 2 法則（運動の法則）**，**第 3 法則（作用・反作用の法則）**の三つの法則から成り立っている．

第 1 法則（慣性の法則）は，すべての物体は，外部から力を加えられない限り，「静止している物体は静止状態を続け」，「運動している物体は等速直線運動を続ける」というものであり，ガリレオがすでに言及している．わかりやすく説明してみよう．

まず「静止している物体は静止状態を続ける」でわかりやすい現象といえば，だるま落としである．胴体部分をハンマーで叩くと，叩かれた胴体パーツは飛ばされ，それ以外のパーツはその場で静止状態を維持しようとする．そのため，飛ばされたパーツの上にあったパーツは重力が作用するので，横にずれることなくそのまま下に落下する．

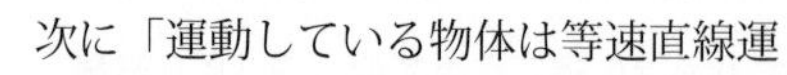

次に「運動している物体は等速直線運動を続ける」でわかりやすい現象といえば，電車やバスが急ブレーキをかけたときの現象である．電車は止まろうとしてるが，電車の中にいる人は電車と同じ速度で直線運動を続けようとするため，足は電車と一緒に止まろうとするが，胴体

や頭は，そのままの運動を続ける．このようにその場に静止しつづけようとしたり，運動をしつづけようとする現象を慣性の法則という．

第２法則（運動の法則）とは，物体の加速度 a は，加えた力 F に比例し，その質量 m に反比例するといものである．その結果，$F = ma$ と書くことができる．第３法則（作用・反作用の法則）は，物体が互いに力を及ぼし合うときには，同一直線上で互いに逆向き・同一の大きさの力が働くというものである．

Let's 再現！～実際に実験を行って確かめてみよう～

分野 物理　レベル ☆

運動の法則の第２法則の実験

$F = ma$ と覚えれば簡単な式だが，この式がどうやって導出されたのかは，大変な努力が必要であった．それでは実験を行ってみよう．

準備

力学台車１台，おもりＡ（54 g），おもりＢ（50 g），おもりＣ（250 g），スマホなどの加速度センサー，走路板（水平ででこぼこしていない机），滑車

実験

1. 表のように，m_1 として，力学台車にスマホとおもりＢを４個載せ，力学台車に糸をつけ滑車を通して，おもりＡをつり下げる．
2. 力学台車を放すと，スマホで加速度が測定できる．これを記録用の表を作成し記録する．
3. m_2 として，力学台車にスマホとおもりＢを４個，おもりＣを１個載せ，力学台車に糸をつけ滑車を通して，おもりＡをつり下げる．
4. 力学台車を放すと，スマホで加速度が測定できる．これを記録用の表を作成し記録する．
5. m_3 として，力学台車にスマホとおもりＢを４個，おもりＣを２個載せ，力学台車に糸をつけ滑車を通して，おもりＡをつり下げる．
6. 力学台車を放すと，スマホで加速度が測定できる．これを記録用の表を作成し記録する．
7. m_4，m_5 について，これまで同様にくりかえす．

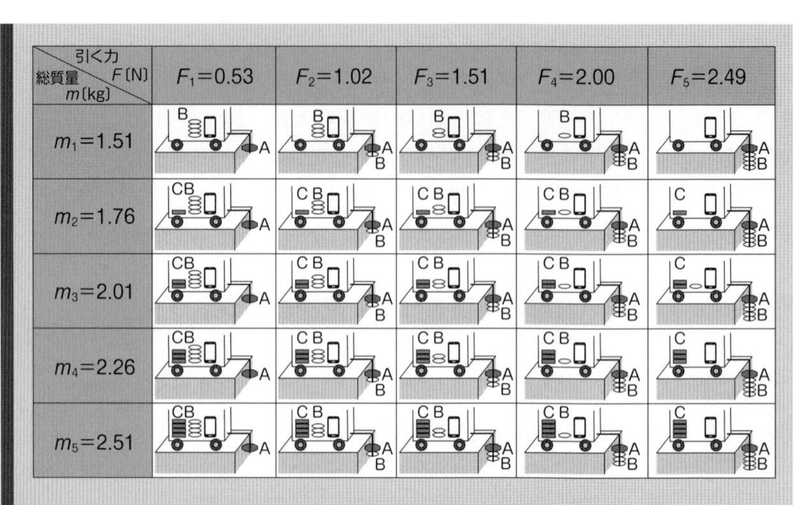

引く力 F〔N〕 / 総質量 m〔kg〕	$F_1=0.53$	$F_2=1.02$	$F_3=1.51$	$F_4=2.00$	$F_5=2.49$
$m_1=1.51$					
$m_2=1.76$					
$m_3=2.01$					
$m_4=2.26$					
$m_5=2.51$					

結果

m（kg）＼ F（N）	0.53	1.02	1.51	2.00	2.49
1.51	0.29	0.57	0.88	1.18	1.59
1.76	0.25	0.56	0.78	1.13	1.33
2.01	0.21	0.44	0.63	0.93	1.14
2.26	0.20	0.41	0.59	0.82	1.04
2.51	0.18	0.34	0.55	0.78	0.92

上記の実験結果が得られる．このデータを解析してみよう．

このデータの解析を行うには，$F-a$ の関係性からさぐるか，$m-a$ の関係性からさぐるかである．どちらから行ってもよいが，$F-a$ の関係性からさぐってみよう．

総質量が m_5 の場合の $F-a$ グラフは比例のグラフとなるので，比例定数を k_5 とおくと $F=k_5a$ と書ける．

同様にして他の総質量についても $F-a$ グラフを作成する．比例定数 k は $F-a$ グラフの傾きであり，それぞれのグラフの傾きを表に与える．

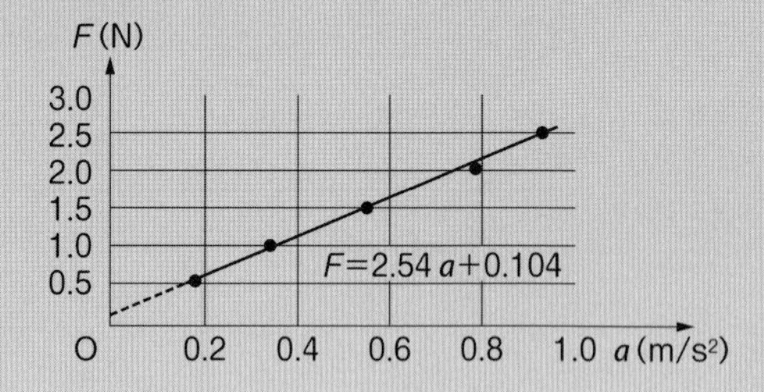

m (kg)	k (＝F/a)
1.51	1.52
1.76	1.79
2.01	2.08
2.26	2.34
2.51	2.54

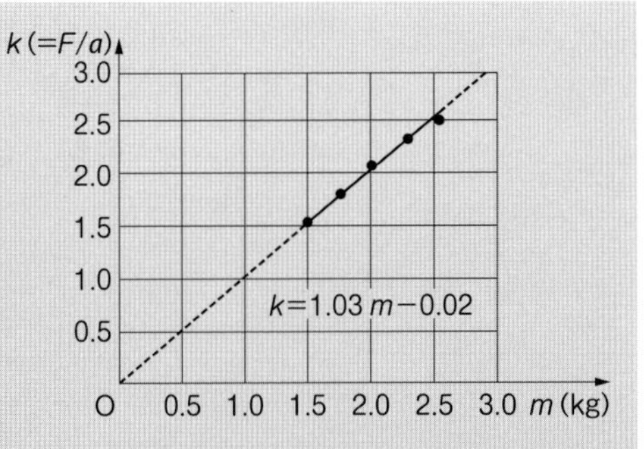

$m_1 \sim m_5$ のそれぞれに対して $k_1 \sim k_5$ が決まるので，それらの間の関係性を求める．k は，$k = F/a$ であるから，縦軸に k，横軸に m をとった $k - m$ グラフは比例のグラフとなり，このときの比例定数を K とおくと，$k = Km$，すなわち，$k = F/a = Km$ より $F = Kma$ と表される．グラフより勾配を読み取ると，$K = 1.03$ となので，F，m，a の関係を表す実験式は，$F = 1.03ma$ となる．

ところで，空気抵抗も摩擦の影響もなく，しかも読み取り誤差もない場合には，$K = 1$ となり，$F = ma$ と書ける．この式が，運動の第２法則を表す関係式である．また，$ma = F$ を運動方程式とよぶ．

この実験からわかること

物体に力が作用するときは，力の方向に加速度を生じ，その大きさ a は，力の大きさ F に比例し，物体の質量 m に反比例する． また，質量 1 kg の物体に 1 m/s^2 の加速度を生じさせる力を 1 N（ニュートン）と定義する．国際単位系 SI では，MKS 絶対単位を用いる．

めも

万有引力 ～『自然哲学の数学的諸原理』1687 年～

アイザック・ニュートン
（Sir Isaac Newton，1642～1727 年）

アイザック・ニュートンとは？（前項も参照）

ニュートンには「庭にあるリンゴの木からリンゴが落ちるのを見て万有引力を思いついた」という逸話が残されている．1686 年５月にフックが逆２乗の法則を自分のものと主張したとき，ニュートンはフック以前の他者の業績を示し，逆２乗の法則について数学的に定式化したのは自分であると主張し大論争となった．自分の主張が正しいことを証明するため，『プリンキピア』（1687 年）を出版したともいわれている．またニュートンは，故郷にいた驚異の年（1666 年ごろ）に微分積分法を開発しているが，これもライプニッツとの先取権争いに発展する．

万有引力の発見まで

ドイツの天文学者ケプラーは，ガリレオとほとんど同時代に，肉眼の観測データから地動説を確信した．ケプラーは，チュービンゲン大学でニコラウス・コペルニクスの地動説を知り支持者になっていた．その後，オーストリアのグラーツで数学教授に着任してのち，惑星の軌道の研究を行った．太陽から惑星へ何らかの力がおよんでいるとし，その距離が大きくなるほど力が弱くなると考えた．その後，ケプラーは，すぐれた観測を行っているティコ・ブラーエの弟子となる．ブラーエは火星の運動の観測データから，プトレマイオスの天動説も不完全なものであると考えていた．ブラーエの惑星の運動に関する正確な観測データは貴重で，ケプラーは，彼の死後（1601 年），これらのデータを用いて，さらに惑星の運動の研究を続け，「ケプラーの法則」を発見した．第 1 法則と第 2 法則は『新天文学』(1609 年）で，第 3 法則は『世界の調和』(1619 年）で発表した．

第 1 法則は，「惑星は太陽をその一つの焦点にもつ楕円軌道の上を運動する」というもので，惑星の軌道は完全な真円ではないことを示している．

第 2 法則は，「面積速度の法則」とよばれる．「惑星と太陽を結ぶ線分が同じ時間に描く面積は等しい」というもので，惑星は太陽に接近した時には速く動くということを意味する．

第 3 法則は，「惑星の太陽からの距離 r の 3 乗と惑星の公転周期 T の 2 乗の比は一定で，すべての惑星で同じである」というものである．$T^2 = kr^3$

ケプラーは，このように，惑星の軌道運動をそれまでにない精度で研究し，1627 年には懸案の「惑星運行表」(ルドルフ表）も完成したが，それらの法則がなぜ成り立つのかを説明できなかった．

ニュートンは，慣性の法則など，物体に力がはたらいて運動するときの三つの法則が，天体でも成り立っていると考え，ケプラーの法則とを組み合わせて，万有引力の法則を打ち立てた．この理論は，ハレーの全面的な援助のもとで，1687 年に**「自然哲学の数学的諸原理」(プリンキピア）**として出版され，ここで宇宙の天体についての統一した理論が樹立されたわけである．

万有引力って？

ニュートンは，太陽を公転する地球の運動や木星の衛星の運動を統一して説明することを試み，ケプラーの法則に，運動方程式を適用することで，万有引力の法則が成立することを発見した．

惑星の運動を円運動とみなす場合，惑星に作用する向心力 F（太陽が惑星を引く力）は，物体の質量を M，m，物体間の距離を r とすると，

$$F = mr\omega^2 = mr\left(\frac{2\pi}{T}\right)^2 = 4\pi^2 \frac{mr}{T^2}$$

ケプラーの第３法則 $T^2 = kr^3$ を代入すると，

$$F = 4\pi^2 \frac{mr}{kr^3} = \frac{4\pi^2}{k}\frac{m}{r^2}$$

ここで，$\dfrac{4\pi^2}{k} = c$ とおけば，

$$F = c\frac{m}{r^2}$$

となり，太陽が惑星を引く力 F は，惑星の質量に比例し距離の２乗に反比例する．ところで，太陽が惑星を力 F で引けば，その反作用として惑星は太陽を同じ大きさの力 F で引き返す．つまり F は，太陽と惑星が互いに引き合う力の大きさである．F が m に比例するなら，F は，同じく太陽の質量 M_0 にも比例する．

$$F = c'\frac{M_0}{r^2}$$

つまり，$cm = c'M_0$　なので，c と c' の最大公約数を G とおくと，

$$c = GM_0 \qquad c' = Gm$$

となるので，

$$F = G\frac{mM_0}{r^2}$$

と表せる．ニュートンは，このような質量と距離だけに関係する引力が，任意の２物体間に作用すると考えた．２物体の質量を m_1，m_2 とし，２物体間の距離を r とすると，この引力の大きさは，

$$F = G\frac{m_1 m_2}{r^2} \qquad G = 6.67 \times 10^{-11} \quad \mathrm{Nm^2/kg^2}$$

である．これを**万有引力の法則**とよび，G を万有引力定数という．

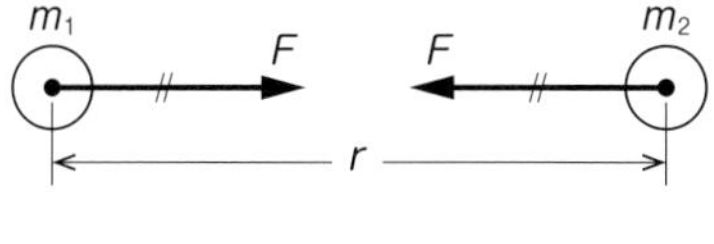

Let's 再現！～実際に実験を行って確かめてみよう～

実験 1

分野 物理・地学　レベル ☆

超カンタン!! 重力場モデル実験器

準備

ボウル（直径約 18 cm），風船（直径が約 30 cm に膨らむもの），ガムテープ，油性ペン，定規，ビー玉，棒（鉛筆の先にスーパーボールをつけたもの）

工作

1. 風船を膨らませて空気を抜いたあと，縁を切り落とす.
2. 一度膨らましておくと，後で楽に風船をボウルにかぶせられる.
3. ボウルに，風船をたるまないようにかぶせて，ガムテープでとめる.
4. 風船に 2 cm 間隔で方眼を描く.

実験

1. スーパーボールで風船膜の中央を押しながらビー玉を転がして運動を観察する.
2. 押し付けたスーパーボールを太陽，転がしているビー玉を惑星とイメージする.
3. どのように転がすと，スーパーボールを中心にビー玉が回るか試してみる.

結果

接線方向にビー玉を転がすと円軌道を描く.

解説

惑星が，ほぼ等速円運動をしているので，中心から外向けに打ち出すと，円軌道を描かず，彗星のように楕円軌道となる.

分野 物理・地学　レベル ☆☆

巨大重力場モデル実験器

準備

プラスチックバケツ（容量 45 L 以上，直径 55 cm 以上），大きな風船（膨らませると直径約 1 m になるもの），ガムテープ，油性ペン，定規，球（ビー玉や鉄球など，さまざまな大きさ・質量のものがあればよりよい），棒（天体をイメージするため，先にゴムボールをつける）

工作

1. 巨大風船の縁の部分を切り，バケツの口に風船をかぶせて，ガムテープでとめる.
2. 3 cm 間隔で方眼を描く.

実験

1. みんなで演示実験できる．ゴムボールで風船膜の中央を押しながらいろいろな球を転がして運動を観察する．このとき，ゴムボールを太陽，転がしている球を惑星とイメージする．ゴムボールで押すかわりに，裏側から，風船の膜を引張ってもよい.
2. ビー玉や鉄球など，質量が違う玉を転がして違いを観察する.

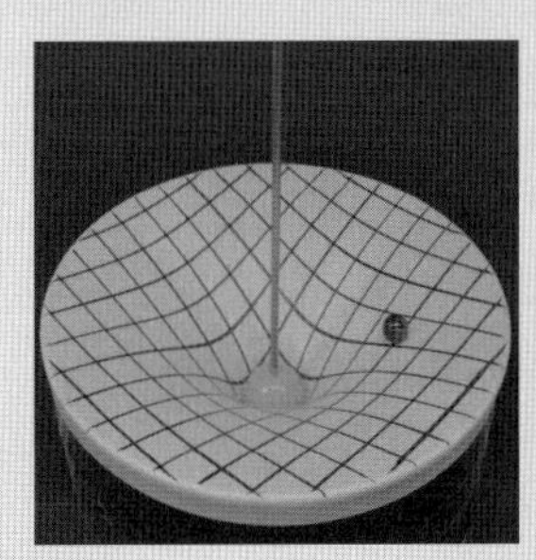

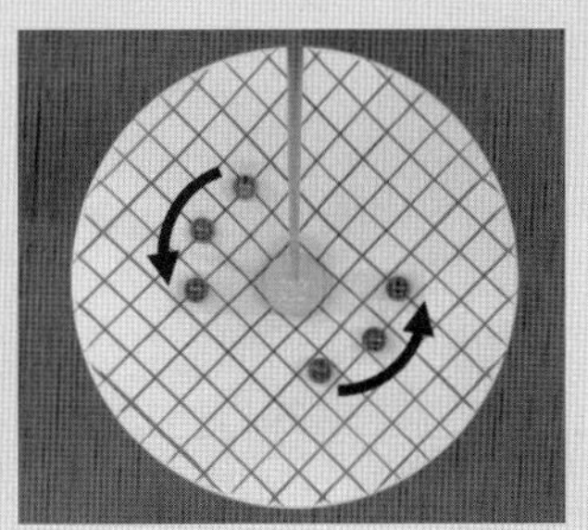

結果

接線方向にビー玉を転がしたときのみ，円軌道を描く.

実験 ③

分野 物理・地学　レベル ☆☆

巨大重力場モデルで面積速度実験

準備

実験②で作った巨大重力場モデル実験器，連写機能付きカメラ

実験

1. 風船膜を棒で押した状態で，球を転がし，カメラで連写撮影をする．

結果

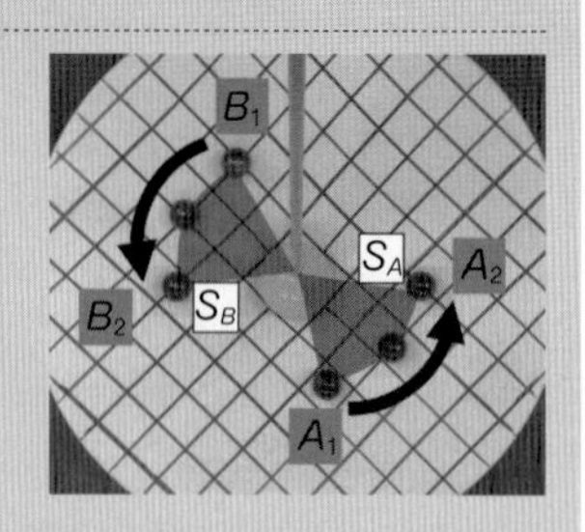

連写撮影した写真において，A_1 から A_2 までの経過時間と，B_1 から B_2 までの経過時間は同じである．

扇型 S_A は 4.97 マス分，S_B は 4.94 マス分の面積なのでほぼ等しく，面積速度一定の法則が確認できた．

なお，方眼 1 マスが 9 cm² なので

$$S_A = 44.7\ \mathrm{cm}^2 \quad S_B = 44.5\ \mathrm{cm}^2$$

である．

このように，ケプラーの第 1 法則，第 2 法則が確認でき，理科年表の惑星定数を用いると，ケプラーの第 3 法則も確認できる．

惑星	軌道長半径 r の 3 乗（天文単位^3）	公転周期 T の 2 乗（年^2）
水星	0.0580	0.0580
金星	0.3784	0.3785
地球	1.0000	1.0001
火星	3.5375	3.5377
木星	140.8190	140.7118
土星	872.3252	867.7620
天王星	7089.2564	7059.7469
海王星	27299.1783	27150.4711

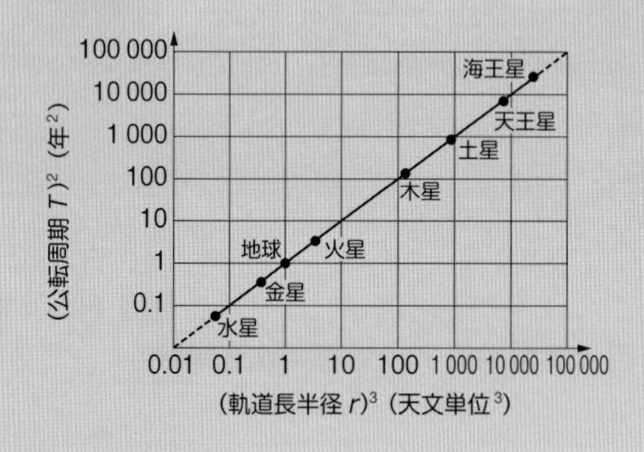

以上，ケプラーの法則とニュートンの運動方程式とを組み合わせると，ニュートンの万有引力の法則が導かれることがわかった．

この実験からわかること

すべての物体は互いに引き合い，その力の大きさは，引き合う物体の質量の積に比例し，距離の２乗に反比例するという，**万有引力の法則**について理解することができる．

めも

13 ベルヌーイの定理

ダニエル・ベルヌーイ
(Daniel Bernoulli，1700～1782 年)

ダニエル・ベルヌーイとは？

ダニエル・ベルヌーイ（以降，ダニエル）は，スイスの数学者・物理学者である．ダニエルは，3 人兄弟の次男で，兄ニコラウス 2 世，弟ヨハン 2 世も数学者・物理学者で，いわゆる数学・物理学者の一家である．ダニエルはベルヌーイ家の中では最も才能があり，13 歳で大学入学，15 歳で学士，16 歳で修士を取得した． 1725 年から，ロシア・サンクトペテルブルク科学アカデミーに数学のポストを得，カテナリ（懸垂）曲線，弦の振動，経済理論への確率の応用などを研究した．また，ニュートン理論とライプニッツの微積分法を組み合わせて，運動方程式のエネルギー積分（エネルギー保存則）を活用し，海洋・船舶への応用を含めた流体力学に大きく貢献した．

ベルヌーイの定理の発見まで

ベルヌーイの定理（Bernoulli's principle）は，流体の速さと圧力と外力のポテンシャルの関係を記述する式で，力学的エネルギー保存則に相当する．この定理により流体のふるまいを平易に表すことができる．ダニエル・ベルヌーイによって 1738 年に発表された．なお，運動方程式からのベルヌーイの定理の完全な誘導は，1752 年にレオンハルト・オイラーにより行われた．

ベルヌーイの定理って？

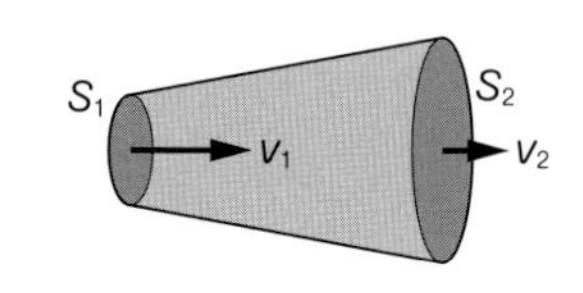

流体の一部分を切り出した図について，この部分が周囲の流体からされる仕事を求める．左右のそれぞれの面には，作用とその反作用が作用する．左端 S_1 に働く力を F_1，Δt 間に移動する距離を $L_1 = v_1 \Delta t$，圧力を p_1，また右端 S_2 に作用する力を F_2，Δt 間に移動する距離を $L_2 = v_2 \Delta t$，圧力を p_2 とした場合，この部分がされる仕事 W は，

$$W = p_1 S_1 v_1 \Delta t - p_2 S_2 v_2 \Delta t = p_1 S_1 v_1 dt - p_2 S_2 v_2 dt$$

となる．この間での運動エネルギーと重力による位置エネルギーの変化を求めてみる．

まず運動エネルギーは，$E_{\mathrm{k}i} = \frac{1}{2} m v_i^2 = \frac{1}{2} (\rho v_i S_i dt) v_i^2$ なので，両端の運動エネルギーの差は，$\frac{1}{2}(\rho v_2 S_2 dt) v_2{}^2 - \frac{1}{2}(\rho v_1 S_1 dt) v_1{}^2$ となる．

次に重力による位置エネルギーの差は，$E_{\mathrm{p}i} = mgh_i = \rho v_i S_i dtgh_i$ なので，両端の位置エネルギーの差は，$\rho v_2 S_2 dtgh_2 - \rho v_1 S_1 dtgh_1$ となる．以上から，（この部分がされた仕事）＝（運動エネルギーの増加）＋（位置エネルギーの増加）を求めると，

$$\frac{1}{2}(\rho v_2 S_2 dt) v_2{}^2 - \frac{1}{2}(\rho v_1 S_1 dt) v_1{}^2 + \rho v_2 S_2 dtgh_2 - \rho v_1 S_1 dtgh_1$$
$$= p_1 S_1 v_1 dt - p_2 S_2 v_2 dt$$

$$\frac{1}{2}(\rho v_1 S_1 dt) v_1{}^2 + \rho v_1 S_1 dtgh_1 + p_1 S_1 v_1 dt$$

$$= \frac{1}{2}(\rho v_2 S_2 dt) v_2{}^2 + \rho v_2 S_2 dtgh_2 + p_2 S_2 v_2 dt = 一定$$

となり，

$$\frac{1}{2}(\rho v S dt) v^2 + \rho v S dtgh + pSvdt = 一定$$

$$\therefore \quad \frac{1}{2}\rho v_2 + \rho gh + p = 一定$$

が導かれる．これを**ベルヌーイの定理**という．

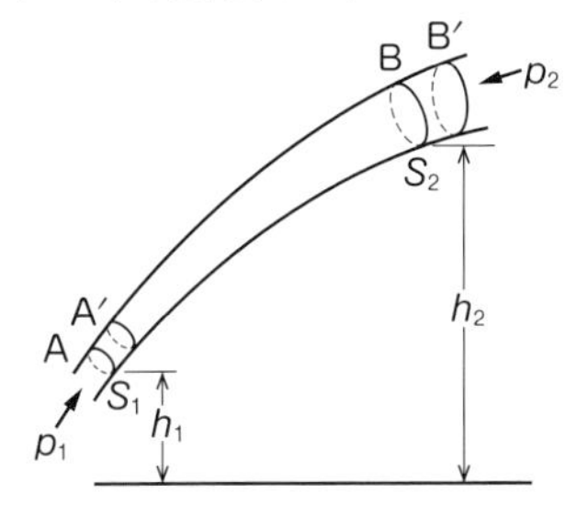

Let's 再現！～実際に実験を行って確かめてみよう～

実験 1　　**分野** 物理　**レベル** ☆

いろいろなものを浮かせてみよう

準備

ピンポン玉，折れ曲がるストロー，クリアファイル，はさみ，セロハンテープ

工作

1. クリアファイルを，ロートのような形にするため，直径 8 cm 程度の円形に切る．さらに切れ込みを入れ，ロートの形にする．
2. ロートのとがった先を切り，折れ曲がるストローの短い側を，その穴に差し込み，セロハンテープで固定する．

実験

1. ロートの部分を上にして，息をはきながら，ピンポン玉をロートの上方に静かにおいてみる．

2. ロートの部分を下にして，息をはきながら，ピンポン玉をロートの下方で支えてみる．

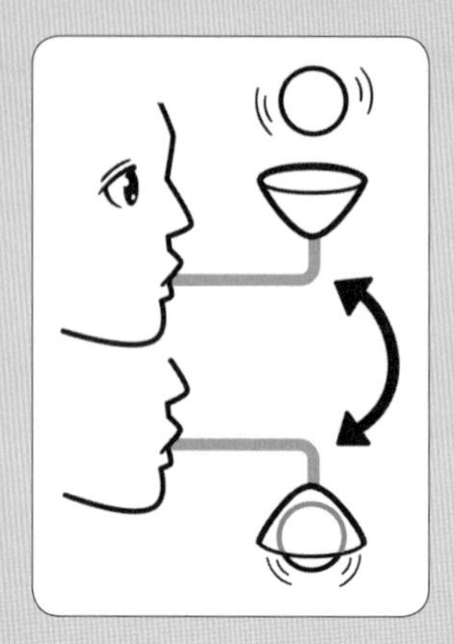

結果

ピンポン玉は，その位置にとどまる．

解説

ベルヌーイの定理により，球の周りの空気は，球に近いところが速く流れ，そのため球は外側から押されて，一点に留まろうとするので，空気の流れの中に留まる．ブロワーを使うと，テニスボールや，ペットボトルも浮かせることができる．

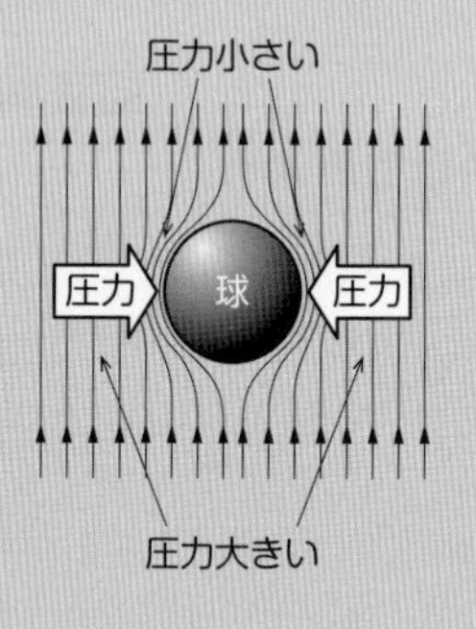

分野 物理　レベル ☆☆

飛行機のつばさの実験

準備

カラーボード，A4 用紙，竹串，ストロー，はさみ，セロハンテープ，のり

工作

1. カラーボードを，飛行機の翼を横からみた形に切り，A4 用紙の両端にのりで貼り付ける．

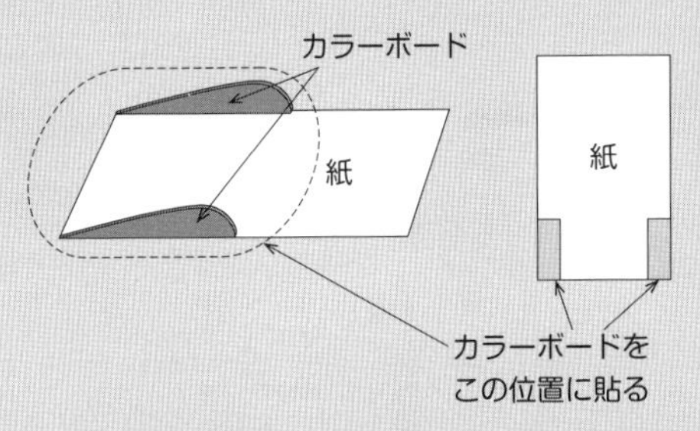

2. これを取り囲むように，この用紙で一周巻き付ける．余った部分は，はさみで切り取り，セロハンテープでとめる．

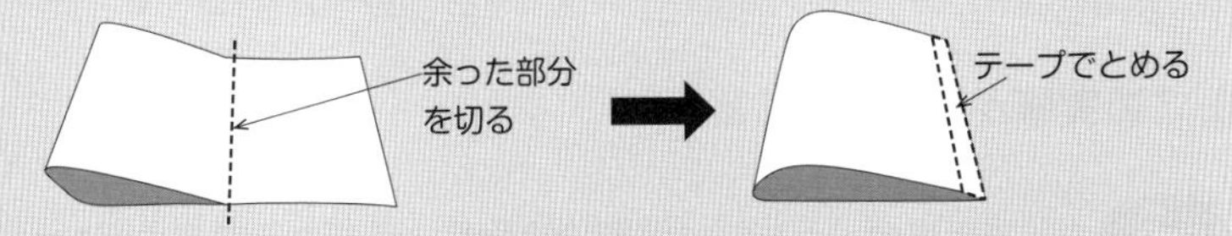

3. 翼の側面に，3 cm 程度の長さに切ったストローをセロハンテープでとめる．カラーボードで台をつくり，これに竹串を取り付ける穴の位置を決めるため，ストローの下端をあてマーキングする．
4. その穴に竹串を 2 本さし，翼をセットする．翼が，竹串から飛び出さないように，竹串の上端にストッパーをセロハンテープなどでつける．完成！

実験

1. 前方から，うちわであおいだり，ブロワーや扇風機で風を送ったり，自然に吹く風にあててみよう．

結果

翼が浮く．

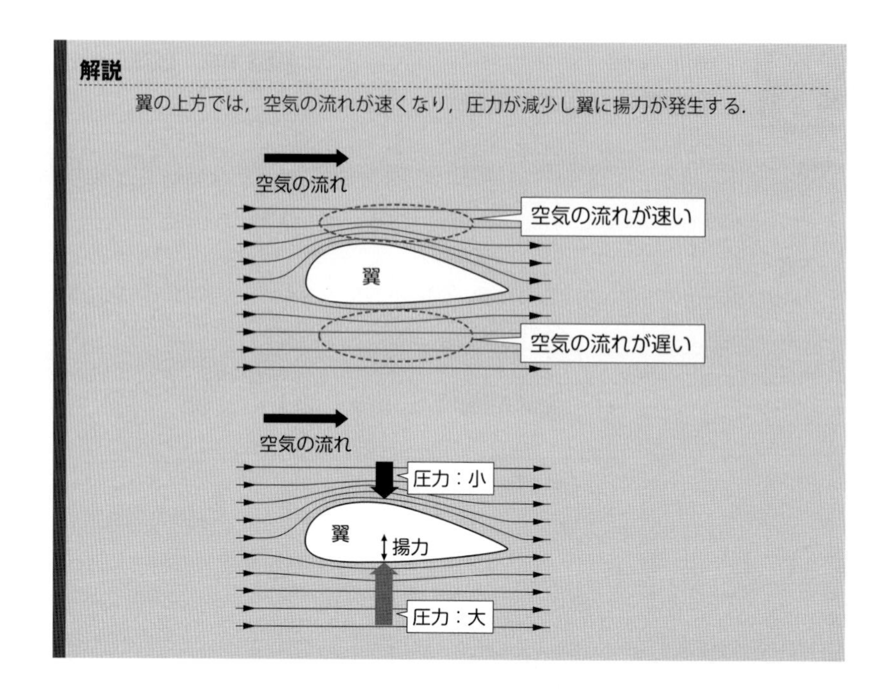

この実験からわかること

ビル風のように細い隙間に風が吹き込むと，空気の流れが速くなる．このような現象も，**ベルヌーイの定理**で説明できることがわかる．

14 雷の実験

ベンジャミン・フランクリン
(Benjamin Franklin，グレゴリオ暦 1706［ユリウス暦 1705 年］～ 1790 年)

ベンジャミン・フランクリンとは？

ベンジャミン・フランクリン（以降，フランクリン）は，ボストンのミルク・ストリートで生まれた．アメリカ合衆国の政治家，外交官，著述家，物理学者，気象学者．トーマス・ジェファーソンらと共にアメリカの独立に大きな貢献をした．

凧を用いた実験で，雷が電気であることを明らかにした．現在の米 100 ドル紙幣に肖像が描かれている他，ハーフダラー銀貨にも 1963 年まで彼の肖像が使われていた．勤勉性，探究心の強さ，合理主義，社会活動への参加という 18 世紀における近代的人間像を象徴する人物である．1790 年 4 月 17 日フィラデルフィアで，84 歳で死去．葬儀は国葬であった．

雷の実験まで

フランクリンは，彼の人生の歴史をみてもわかるように，独学で科学の研究を行い，多くの業績を残している． 雷の実験に至るまでは，電気の正体とは何かを明らかにする歴史と重なる．まず，ライデン瓶の実験を知り，電気に興味を持ち，これをきっかけに 1752 年，凧揚げ雷実験を行った.

雷の実験って？

1752 年，有名な凧揚げ雷実験が行われた．凧糸の末端にワイヤーでライデン瓶を接続した装置を工夫し，これを用いて，雷が鳴り響く嵐の中で凧をあげ雷雲の帯電を証明した．この危険極まりない研究結果が認められ，ロンドン王立協会の会員となった.

なお，彼が行った多くの研究の一例をあげると，避雷針，フランクリンストーブ，遠近両用眼鏡，グラスハーモニカなどがある．これらの発明に関して，彼は特許は取得せず，社会に還元した.

Let's 再現！～実際に実験を行って確かめてみよう～

雷は，雲の中で氷晶などがこすれ合い発生し，貯まった静電気の放電現象である．地球の温暖化により，雷の発生回数も頻繁になってきているので，今後，防災教育は，より重要となる.

分野 物理・地学　レベル ☆☆

手元雷実験

準備

黒い厚紙や黒い下敷など（または，プラスチック製の板やクリアファイルなど），アルミテープ，圧電素子，縫い針（またはシャーペンの芯）導線

工作

1. 黒い厚紙や下敷などをはがき大に切り，これを雷が発生する空間と考える．地面として 1 cm 程度の幅のアルミテープを，黒い台紙の下方に貼る．
2. 次に，アルミテープで街並を作る．ビルを 2 本，自動車や樹木などを配置する．なお自動車は窓を作り，タイヤは地面から浮かせて貼る．これは，自動車内部のシールド効果を観察するためである．雷のときの安全性について考える材料となる．
3. 電子ライター圧電素子を取り出し，これに導線をつなぎ，その導線の端を地面としたアルミテープに貼り付ける．ビルの一つに縫い針で避雷針を立てる．雷雲を，空に貼る．

実験

1. 圧電素子で電気火花を発生させ，落雷のシミュレーションをする．

結果

圧電素子のスイッチを雷空間の上で押すと，避雷針を立てない場合，雷はビルや自動車，樹木など色々な場所に落ちる．ところが，避雷針を立てると，雷はほとんど避雷針の方に落ちるようになる．また，自動車に雷が落ちても，窓の中には雷が入らず，ボディーアースになっていることがわかる．タイヤと地面のすきまに電気火花が飛ぶことも確認できる．

解説

尖った先は，実は，電気の集電や放電が起こりやすく，尖った先端などから電気が放電することを「先端放電」という．避雷針をビルに立てたり，あるいはバンデグラフの集電板をギザギザに作るのは，先端放電を利用して帯電球に電荷を蓄えやすくするためである．

雷は，ビルや木のように高いものに落ちやすく，特に避雷針を立てると，避雷針に雷が落ちることがわかる．雷の日に校庭や広場など辺りに高いものがない広いところに立っていると危険で，野球やゴルフなどの試合もバットやクラブという金属製品を持っているので，雷が鳴るとすぐに中止にするわけである．

分野 物理・地学　レベル ☆☆

ファラデーゲージに入ろう

準備

金網（100 cm × 1200 cm など，設計により自由に変形可，ステンレス棒（ϕ6 mm，180 cm など），バンデグラフ，傘など，絶縁板，避雷針用の金属棒（30 cm 程度），導線，ビニタイ

工作

1. 人が入れる金属ゲージを作る．金網を用いて，直径 120 cm，高さ 180 cm 程度の円筒を作る．ステンレス棒など利用して補強する．
2. その上から骨だけにした傘をかぶせ，その傘にも金網を貼る．
3. 円筒の一部分に出入口を作る．傘の先端に避雷針を立てる．
4. ゲージの中に絶縁板を敷き，人が入る．
5. バンデグラフの帯電球と放電棒を導線でつなぐ．

実験

1. バンデグラフを起動させ，帯電させる．
2. 帯電したものを避雷針へ放電させる．
3. ゲージの中と外に，箔検電器を置き，両者を比べてみる．

解説

ファラデーゲージのシールド効果によって，外部から電場が入ってこないことが確認できる．もちろん，中に入っている人も無事である．

防災教育の見地から，次の図での安全性を考えてみよう．

まず①は危険である．④は木に落ちやすいので，そのショックに注意が必要である．②は地面に落ちたときには地面に電流が流れるので危険である．以上から③や⑤は比較的安全だといえるが，絶対に安全ということはない．もっとも重要なことは，より安全な場所への非難である．

この実験からわかること

雷が静電気であること，また，雷は避雷針に落ちたり，シールド効果があることがわかる．雷が鳴っているときには，自動車の中に入ると，比較的安全であることもわかる．

めも

箔検電器

エイブラハム・ベネット
(Abraham Bennet，1749 ～ 1799 年)

エイブラハム・ベネットとは？

エイブラハム・ベネット（以降，ベネット）は，イギリスの発明家，物理学者，数学者，気球愛好家である． ベネットは，大学に出席している記録がみあたらないが，グラマー・スクールで先生をした記録は残っている．

ベネットは自然哲学に興味を持ち，エラズマス・ダーウィンと仲良く，ダーウィンから電気と天候の関係を調べるために，電気量を測る計器を作ることを勧められた．

箔検電器の発見まで

1730年代には，イギリスのホイーラーは，30 cm程度の2本の麻糸を1 cmの間隔で吊り下げ，帯電体を近づけると，糸の間が少し開くことを発見した．静電誘導の発見者であるイギリスのカントンは，この糸の先に，木球をつけた検電器を開発した．さらに，カントンは1754年に携帯用の検電器を発展させた．

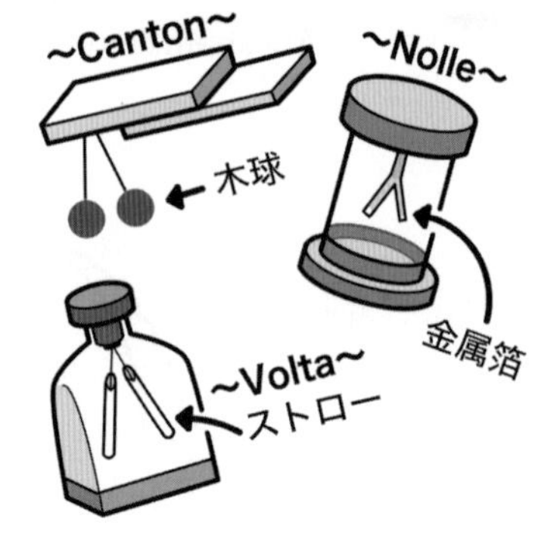

金属箔検電器は，1747年，フランスのノールによって発明され，その後の1786年，イギリスのベネットが発展させた．

なお，ボルタは1787年に検電器の金属箔のかわりに，細い乾燥した麦わら（ストロー）を用いたストロー検電器を開発した．5 cmの麦わらを用いて，「電気の強さ」を数値として測定できるようにした．ボルタは，ストロー検電器の発明により電気の測定に貢献したので，ロイヤルソサエティのメンバーとなり，その後受賞もした．さらにボルタはコンデンサートーレ（電気盆）とストロー検電器を組み合わせて，電池の電圧測定を行っている．

箔検電器って？

箔検電器とは，静電気の検出器で，その基本構造は金属棒の先端に2枚の金属箔を平行に垂らし，空気流れの影響を防ぐため，ガラス瓶の中に入れた装置である．帯電体を検電器の金属板に接近させると，2枚の箔に同種の電荷が帯電して開くので，帯電の有無および開きの角度により電気量を知ることができる．箔には普通アルミニウムやスズが用いられるが，検電器の感度をよくするには非常に薄くできる金箔が最適である．箔検電器の構造をレベルアップし，開きを精密に測定できるようにしたものを箔電位計という．かつては空気中での電離放射線の検出にも使われた．

Let's 再現！～実際に実験を行って確かめてみよう～

冬にセーターを脱ごうすると，バチッ！バチッ！と火花が飛び散ったり，ドアノブに手を触れると電気火花が飛んだりすることが多く，嫌がられている．

とはいっても，どんなものでも静電気がたまるわけではない．電気が貯まりやすいものは，絶縁体であって，導体は電気を通すので静電気は貯まらない．

静電気は，二つの絶縁体を擦り合わせると，より電子を強く引き付ける側がマイナスに，電子を手放した側がプラスに帯電する．つまり，擦れ合う物質同士の関係で，静電気の起こりやすさも変わり，それを示したのが帯電列である．

← プラスに帯電しやすい　　　　マイナスに帯電しやすい →

毛皮　ガラス　雲母　羊毛　ナイロン　絹　木綿　木材　皮膚　水晶　フリントガラス　紙（ティッシュペーパー）　綿　エボナイト　金　ゴム　ポリプロピレン（ストロー）　イオウ　ポリエステル　アクリル　セルロイド　ポリエチレン　セロファン　塩化ビニール（消しゴム）

※物体の帯電の正負はさまざまな条件で変化するが，材料により上図のような傾向がある．

分野 物理　**レベル** ☆

ペットボトル箔検電器を作ろう

準備

ペットボトル，ペットボトルのふた，食品トレー，ゼムクリップ（2個），アルミホイル，両面テープ，千枚通し，ステープラー

工作

1. 食品トレーの平らな部分を，ハートやキャラクターの顔など好きな形に切って，アルミホイルでくるむ．先がとがった形にすると，先端放電により電気が放電してしまう．星形を作るときは，あまり尖らさないのように注意が必要である．
2. ゼムクリップの一つを，内側の巻を残して外側の足をのばす．
3. 千枚通しで穴をあけたペットボトルのふたと食品トレーに，伸ばしたクリップをキャップの下側から通した後，キャップの上側のトレーの部分にステープラーで固定する．

4. アルミホイルを端から 8 mm の幅に切り落とし，これを二つ折りにしてクリップにはさむ．また，しわくちゃだと開きにくいので，ピンと伸ばしてから取り付ける．これが箔検電器の箔になる．
5. キャップごとペットボトルに設置すれば完成．

実験

1. 最初に検電状態にする（コラム参照）．
2. 検電状態になった箔検電器に，プラスに帯電した物体を近づけたり，マイナスに帯電した物体を近づけたりして，違いを調べてみる．
3. ストローをプラスティック消しゴムで擦ってから，金属に近づけるとるとどうなるか調べてみる．

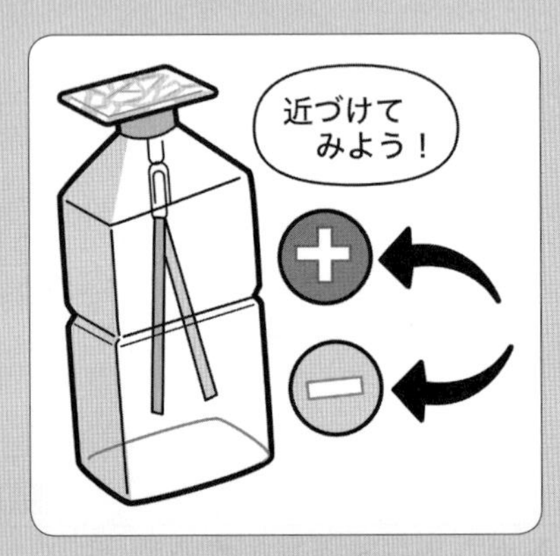

結果

実験「2.」の結果としては，ストローとティッシュペーパーを擦り，ストローを金属板に近づけてみると，箔に帯電したプラスの電荷も金属板に引き付けられるので，箔の開きは小さくなる．つまり，マイナスに帯電したものを金属板に近づけると，箔の開きは小さくなる．

実験「3.」の結果としては，マイナスの電気がストローに引き付けられる．そのためには，箔の側からマイナスの電気が供給され，箔の側ではプラスの電荷が過剰となるので，箔はより大きく開く．

この実験からわかること

箔検電器で検電状態をつくると，検電体に帯電している電荷がプラスかマイナスかがわかる．

コラム

◇ 検電状態とは？

最初，箔検電器の箔は閉じていて，このとき箔検電器は，電気的に中性である．つまり，プラスの電気と，マイナスの電気が同量であると考えてよい．また，塩ビパイプやストローは，ティッシュペパーで擦るとマイナスに帯電することが知られている．以下の手続きにより，「検電状態」をつくってみよう．

①マイナスに帯電した塩ビパイプやストローを近づけると，箔検電器内のプラスの電気は塩ビパイプに引き付けられ，マイナスの電気は箔へと退けられるので，金属板はプラスに，箔はマイナスに帯電する．その結果，箔に帯電したマイナスの電荷同士が反発しあい，箔は開く．

②塩ビパイプを近づけたままの状態で金属板に指で触れると，塩ビパイプのマイナスの電荷に引き付けられている金属板のプラスの電荷は動くことができず，そのまま金属板上に残るが，箔の部分のマイナスの電荷は指から逃げてしまう（アースという）ので，箔は再度閉じる．

③先に指を離してから塩ビパイプを遠ざけると，金属板に引き寄せられていたプラスの電荷が，箔検電器の全体に広がり，箔にプラスの電気が広がる．このため，箔は再び開く．これが検電状態である．

はじめ箔の開きが小さくなったのに，さらに帯電物体を金属板に近づけると，逆に箔の開きが大きくなった．この現象を説明せよ．

解答

マイナスに帯電したものを近づけた場合に生じる現象である．最初，箔の部分のプラスの電荷も引き付けられるので，箔の開きは小さくなるが，マイナスに帯電した物体を近づけすぎると，多量の正電荷が引き付けられてしまい，その結果，箔には大量のマイナスの電荷がたまり，かえって箔が大きく開く．

このような現象をしっかりとチェックするためには，帯電した物体は，ゆっくり近づけて実験する必要がある．

めも

16 シャルルの法則

ジャック・アレクサンドル・セザール・シャルル
(Jacques Alexandre César Charles, 1746～1823年)

ジャック・アレクサンドル・セザール・シャルルとは？

ジャック・アレクサンドル・セザール・シャルル（以降，シャルル）はフランスの発明家，物理学者，数学者，気球愛好家である．1783年12月1日，ロベール兄弟と共に世界で初めて水素ガス気球での有人飛行に成功したが，モンゴルフィエ兄弟は，その10日前に，熱気球による有人飛行を成功させていた．シャルルのガス気球はシャルリエールとよばれた．

1789年にシャルルは，気体を熱したときの膨張についての法則を発見した．それを，1802年にジョセフ・ルイ・ゲイ=リュサック（ゲーリュサックなどともいわれている）が定式化し，初めて発表した．シャルルは，1793年に科学アカデミー会員に選ばれ，間もなくフランス国立工芸院の物理学教授となった．

シャルルの法則の発見まで

ボイルの法則は 1662 年に発見された．ボイルと助手のフックは，実験室で空気ポンプを使った実験を行ってこの法則を発見した．シャルル（1787 年），ゲイ = リュサック（1802 年）は，実験室から外に出て，上空の空気に興味を抱き，水素気球や熱気球を膨らませて，数々の発見をした．

温度と空気の体積の関係は多くの学者が取り組んでいるが，シャルルの法則の先取権争いにはならなかった．1777〜1779 年にシャルル・キャベンディッシュの実験，または 1801〜1802 年のジョン・ドルトンの研究はこれに先駆けていた．とりわけキャベンディッシュは 1779〜1780 年に，いくつかの気体の熱膨張率を測定した上で結論を導いているが，人嫌いの奇人で知られたキャベンディッシュは，生前にこれを発表しなかった．そのため歴史上は，シャルルはこれを独自に発見したことになっている．

シャルルの法則って？

シャルルは，1787 年に一定圧力の気体の体積は温度が 1℃上がるごとに，0℃のときの体積の 1/273.15 ずつ増加することを発見した．しかしこの法則はすぐに公表されず，15 年後の 1802 年にゲイ = リュサックが実験で証明して発表したため，ゲイ=リュサックの法則の第 2 法則ともよばれることもある．体積を V，温度を t とすると，

$$V = V_0\left(1 + \frac{t}{273.15}\right)$$

と書かれる．V_0 は 0℃での気体の体積である．温度を絶対温度 T を用いて書き直すと，

$$V = V_0\frac{T}{273.15} = V_0\frac{T}{T_0}$$

となる．したがって，

$$\frac{V}{T} = \frac{V_0}{T_0} = 一定$$

と変形できる． すなわち **一定圧力の気体の体積は絶対温度に比例する**． 絶対温度が 0 K のときの体積は 0 であることがわかる． 歴史的には，体積が 0 になる

温度を絶対零度として絶対温度が定義された.

シャルルの法則は，気体が低圧・高温の場合には，理想気体によく従うが，逆に高圧・低温の場合には，気体分子同士間にはたらく分子間力や分子自体の大きさの影響が無視できなくなり，計算値からずれが生じる．シャルルの法則によって，絶対零度が存在することがわかった．また，理想気体温度が提案されることになった.

Let's 再現！～実際に実験を行って確かめてみよう～

分野 物理・化学・地学　レベル ☆☆☆

太陽光で浮かぶ熱気球を作ろう

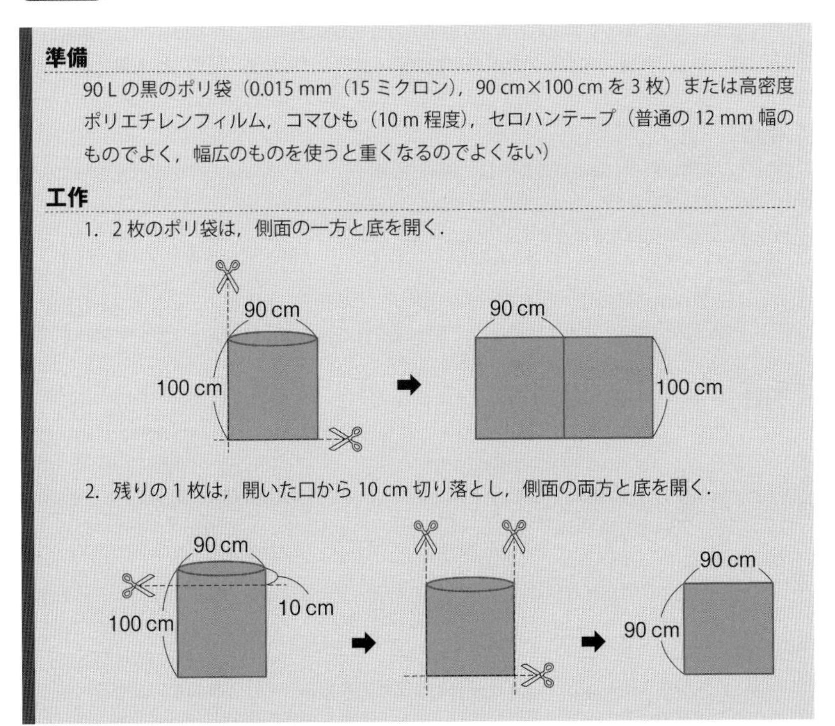

準備

90 L の黒のポリ袋（0.015 mm（15 ミクロン），90 cm×100 cm を 3 枚）または高密度ポリエチレンフィルム，コマひも（10 m 程度），セロハンテープ（普通の 12 mm 幅のものでよく，幅広のものを使うと重くなるのでよくない）

工作

1. 2 枚のポリ袋は，側面の一方と底を開く.

2. 残りの 1 枚は，開いた口から 10 cm 切り落とし，側面の両方と底を開く.

3. 展開図のように，セロハンテープでつなぎ，コマひもを熱気球にしっかり取り付ける．

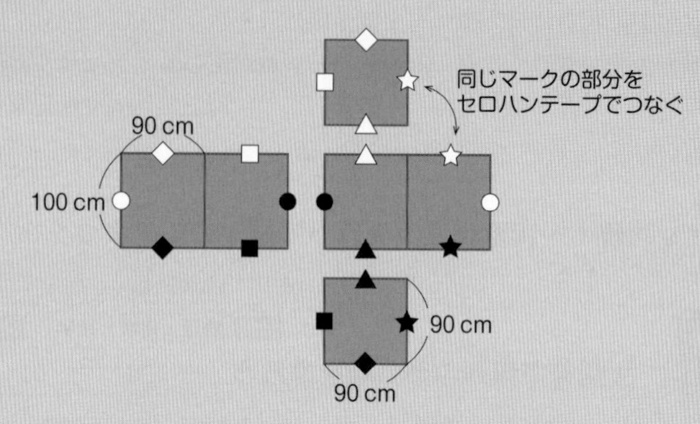

4. 90 cm × 90 cm × 100 cm = 0.81 m^3 の直方体の熱気球となる．しかし，実際には，膨張して膨らんだ形になるので，体積はより大きくなる．また，全質量は約 1 kg となる．

実験

1. 太陽が照っている風の無い日に熱気球の端をしっかりしたロープで縛り，ロープの他端を地面のしっかりした木の枝などに縛る．
2. 太陽光に当たる面が広くなるように熱気球を広げる．

結果

日射がよい日には，熱気球はみるみるうちにあがる．熱気球に，しっかりとひもをとめておいても，どうしようもなく引っぱられるときは，熱気球を割り，熱気球を空に飛ばしてしまわないように注意をすること．

解説

熱気球の浮力 f は，熱気球のバルーンの重さと気球が押しのけた空気の重さの差なので，$f = (\rho - \rho')Vg$ である．

熱気球と人との合計を 200 kg とすると，$(\rho - \rho')Vg > 200\,g$ でなければならない．いま，外部の気温が 10℃で，圧力は 1 atm とする．なお，10℃のときの空気の密度は 1.25 kg/ m^3 である．

理想気体の状態方程式は，$pV = nRT$ である．モル数 n は，物質の質量を w，分子量を M とすると，$n = \dfrac{w}{M}$ なので，$pM = \dfrac{w}{V}RT = \rho RT$ と書ける．

熱気球は，大気圧が 1 atm とみなせる範囲の高さまでしか上昇しないとする．熱気球の内部では常に内外の圧力が等しいので，温度上昇後も圧力 p は一定であったと考える．また分子量 M は変わらないので，左辺は一定となる．

このことより $\rho RT = \rho' RT'$ なので，$\rho T = \rho' T'$
ところで，最初の式より，

$$\rho V = \rho' V + 200 = \frac{T}{T'}\rho V + 200$$

となる．もし熱気球の温度が，70℃＝343K まで上昇すると，
$\left(1 - \frac{T}{T'}\right)\rho V = 200$ と変形できるので，数値を代入すると，

$$\left(1 - \frac{283}{343'}\right) \times 1.25 \times V = 200$$

$$V = 200 \times \frac{1}{1.25} \times \frac{343}{60} = 914$$

となり，高さを 2 m，底面積を 500 m^2 にすると，体積が 1000 m^3 になるので可能だとわかる．

熱気球が，高く上がるのは熱気球に作用する浮力のためである．アルキメデスの原理により，熱気球が押しのけた空気の重さの分だけ軽くなる．熱気球の中の温まった空気の重さと熱気球本体がもつ重さより，浮力の方が大きくなると，熱気球は浮く．

コラム　◇ **世界初の熱気球有人飛行**

熱気球による初の有人飛行を成功させたのはフランスのモンゴルフィエ兄弟（ジョセフ・ミシェル，ジャック・エティエンヌ）である．1783 年 6 月 5 日に無人飛行に成功し，同年 9 月 19 日にはベルサイユ宮殿でルイ 16 世やマリー・アントワネットの前で動物を乗せ飛行に成功し，同年 11 月 21 日にブローニュの森から飛びたった．

この実験からわかること

圧力が一定の場合，気体の体積は絶対温度に比例することが理解できる．

$$V = kT$$

めも

17 ボルタ電池

アレッサンドロ・ジュゼッペ・アントニオ・アナスタージオ・ヴォルタ伯爵
(Il Conte Alessandro Giuseppe Antonio Anastasio Volta, 1745～1827年)

アレッサンドロ・ジュゼッペ・アントニオ・アナスタージオ・ヴォルタ伯爵とは？

アレッサンドロ・ジュゼッペ・アントニオ・アナスタージオ・ヴォルタ伯爵（以降，ボルタ）は，イタリア北部出身の自然哲学者（物理学者）である．電池（ボルタ電池）を発明したことで有名である．1774年，静電容量について研究し，電位（V）と電荷（Q）が別のものであり，それらが比例することを発見した．電位差の単位は，ボルタにあやかって，1881年にボルトとされた．

ボルタはベンジャミン・フランクリンとナポレオン・ボナパルトの崇拝者であった．ナポレオンは，オーストリア皇帝のとき（1810～1815年），ボルタに敬意をはらって伯爵に叙した（1810年）．1827年に没した．ユーロ導入前のイタリアの10,000リラ紙幣には，ボルタとボルタ電池が描かれていた．

ボルタ電池の発見まで

世界最古の電池は，約 2,000 年以上前の紀元前 250 年頃の「バグダッド電池」である．イラクの首都バグダッド郊外のホイヤットラブヤ遺跡から発掘された．つぼ型電池ともよばれる．電気をおこすための電池ではなく，金銀のメッキのために使われていたものとされている．電圧は 1.5～2 V 程度で，電解液は酢やブドウ酒などが使われたのではないかと考えられれている．

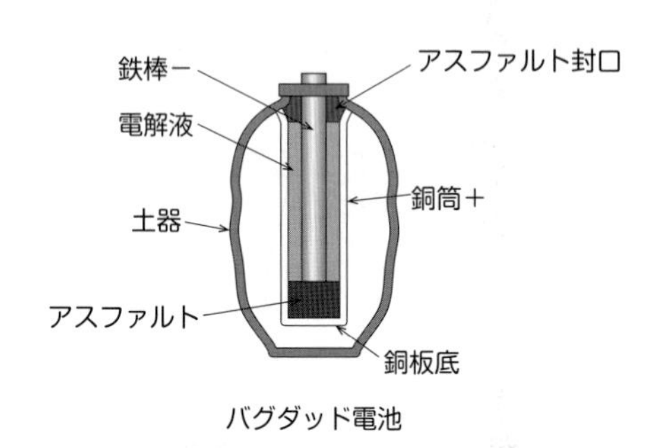

バグダッド電池

1780 年にイタリアの生物学者ルイージ・ガルヴァーニは，カエルの足の神経に 2 種類の金属をふれさせると，足の筋肉がピクピク動くのを発見し，カエルの足の中に電気が起こるとした（1791 年に自著のなかで「動物電気」とよんだ）．

ボルタは，カエルの脚が電気伝導体，つまり電解質であり，通電すると動くと考えた．そこで，カエルの脚の代わりに食塩水に浸した紙を使い，それを 2 種類の金属で挟み電気の流れることを確かめた．電解質を挟んだ 2 種類の金属電極で構成されるガルヴァーニ電池の起電力は，二つの電極間の電極電位の差だという法則を発見した．

ボルタは亜鉛と銀を組み合わせ塩水を染み込ませた紙を用いて一定の電流を作り出す初期の電池である**ボルタの電堆**（voltaic pile）を発明し，動物電気がカエルの筋肉自体に蓄えられていたものだというガルヴァーニの考えに反論した．

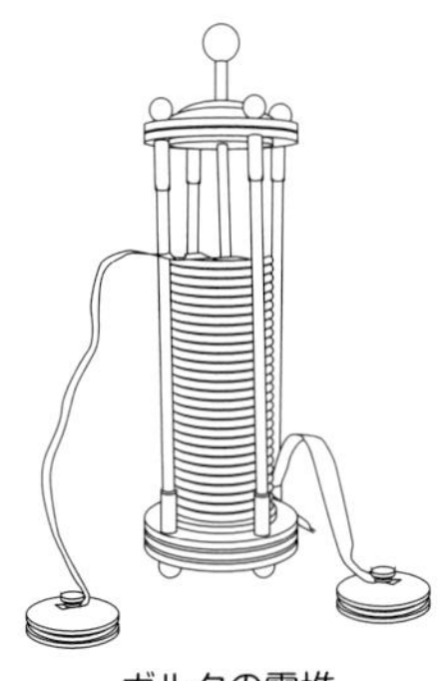

ボルタの電堆

ボルタ電池の原理って？

ボルタ電池は，1800 年に発明された起電力 0.76 V の一次電池である．正極に銅板，負極に亜鉛板，電解液に硫酸を用いる．負極の亜鉛は，硫酸に含まれる水素イオンより金属のイオン化傾向が大きいため電子を失って 2 価の陽イオン Zn^{2+} となる．電子は，外部の導線を伝わって正極の銅板に流れ込み，水素イオン $2H^+$ と反応して水素 H_2 となる．この酸化還元反応は発熱反応であるが，そのエネルギーを電気エネルギーに変換したと考えるとよい．

電池としては，（－）$Zn|H_2SO_4(aq)|Cu$（＋）と書く．

ボルタ電池の反応式は，

負極：$Zn \rightarrow Zn^{2+} + 2e^-$

正極：$2H^+ + 2e^- \rightarrow H_2$

ボルタ電池の実験を行うと，電流を流しはじめるときの起電力は 1.1 V 程度であるが，すぐに 0.76 V まで低下する．これは，電流を流した直後では，銅板の表面が酸化されていたためである．そのときの反応式は，

負極：$Zn \rightarrow Zn^{2+} + 2e^-$

正極：$CuO + 2H^+ + 2e^- \rightarrow Cu + H_2O$

となる．表面の酸化銅が消費されると，最初の反応式の反応がおこり，本来の 0.76 V の起電力に戻る．

Let's 再現！～実際に実験を行って確かめてみよう～

実験 1

分野 物理・化学・生物　レベル ☆

なんといっても果物電池！

準備

レモン（いろいろな果物などを試してみよう．できれば柑橘系がよい），アルミホイル，鉄かステンレス製のフォーク（アルミ製は使えない），電子メロディ，LED，導線，テスター

実験

1. 果物を，フォークの先がすべて埋まるくらいの大きさで，なるべく断面積が大きくなるように切る．
2. アルミホイルを果物よりも少し大きいサイズに切り，その上に果物の液がたっぷりな面を乗せる．
3. 果物にフォークをさし，このフォークに導線をつなぐ．
4. アルミホイルにも別の導線をつなぐ．これで電池となる．
5. 電池を電子メロディにつないでみる．

結果

電池一つでは鳴らない．３個程度つなぐと鳴る．LED は４個程度つなぐと光る．

分野 物理・化学　**レベル** ☆

鉛筆でも電池ができる？

準備

鉛筆（芯だけでもよい），ティッシュペーパー，食塩水，アルミホイル，導線，電子メロディなど

実験

1. 鉛筆の芯に食塩水を十分に浸したティッシュペーパーでくるんだあと，その上からアルミホイルでくるむ．このときアルミホイルは，ティッシュペーパーより小さくし，アルミホイルと鉛筆の芯が直接ふれてショートすることがないように注意する．
2. 電子メロディにつなぐ．

結果

鉛筆電池 1 本ではパワーが弱く鳴らない．2 本程度つなぐと，電子メロディは十分に鳴らせる．

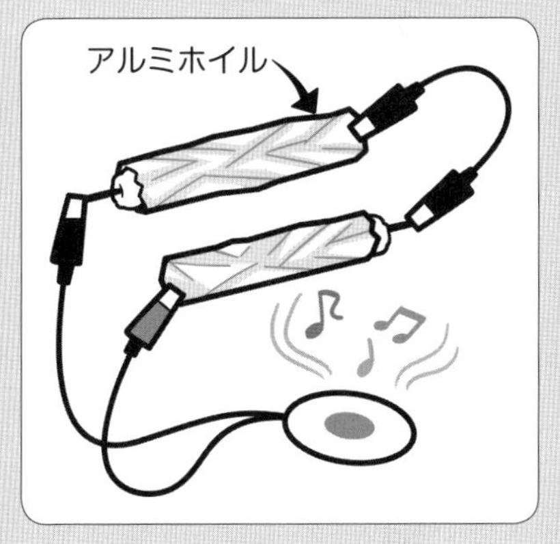

実験 3

分野 物理・化学　**レベル** ☆

シャーペンの芯でも電池ができる？

準備

シャーペンの芯，ティッシュペーパー，食塩水，アルミホイル，導線，電子メロディなど

実験

1. シャーペンの芯に食塩水を浸したティッシュペーパーでくるみ，さらにアルミホイルでくるむ.
2. 電子メロディをつなぐ.

結果

うまくいくと，シャーペン電池 2 個で，電子メロディが鳴る．鳴らない場合は，4 個程度，直列につないでみる.

実験 4 スプーンやフォークでも電池ができる？

分野 物理・化学 **レベル** ☆

ボルタは 2 種類の金属と電解液があれば何でも電池になるといった．スプーン，フォーク，ステンレスボールなどのいろいろな食器とアルミホイルとティッシュと食塩水で簡単に電池ができるか実験で確かめてみよう.

準備

ステンレス製のスプーンやフォークや食器など，ティッシュペーパー，食塩水，アルミホイル，導線，電子メロディなど

実験

1. アルミホイルの上に，ティッシュを置き，食塩を振りまく．その上から水を十分に浸す.
2. ステンレス製の食器類を，アルミホイルに接触しないように置く.
3. 電子メロディをつなぐ.

結果

食器電池が 1 個では，電子メロディが鳴らない場合でも，2 個，3 個とつなぐと電子メロディは必ず鳴る．なお，種類の異なる食器電池でも，この実験はできる.

実験 5 空気電池！

分野 物理・化学 **レベル** ☆☆

プラス極に炭素棒を用いると空気電池ができる．実験のポイントとして，活性炭や竹炭などをプラス極，アルミホイルをマイナス極にするとよい.

準備

竹炭，アルミホイル，電子メロディ，導線，いろいろなドリンクや食塩水，小型容器

実験

1. 竹炭を切ったり割ったりして棒状にする．さらに，アルミホイルも巻いたり折りたたんだりして棒状にする．
2. 小型容器にいろいろなドリンクや食塩水を入れる．
3. 棒状にした竹炭とアルミホイルを小型容器の中に設置し，電子メロディをつなぐ．

結果

このタイプの電池は１個で電子メロディが鳴る．鳴らない場合も，２個，３個と直列につなげば，電子メロディは鳴る．鳴らない場合の多くは，使用した竹炭が十分に炭化していない場合である．その場合は，次の「実験⑥の応用」の方法を利用するとよい．

実験⑥ 自作の木炭電池と竹炭電池！

分野 物理・生物　レベル ☆☆

準備

しゃもじ，割り箸，竹串，竹箸，アルミホイル，はさみ，カセットコンロ，ティッシュペーパー，食塩，電子メロディなど

工作

1. しゃもじ，割り箸，竹串，竹箸を電池にしたい長さに切り分ける．
2. これらをのり巻きのようにアルミホイルで 2 重にくるみ，片方のはしをひねって閉じる．
3. アルミホイルでくるんだ材料をカセットコンロなどで蒸し焼きにする．このとき，アルミホイルの片端を魚の尾びれのように広げておき，広がったところを手でもっているとあまり熱くならない．
4. 焼きあがったら，アルミホイルをはがす．炭がカーンカーンと備長炭を打ち鳴らしたような音がすれば，焼きあがっている．もし，そうでない場合は，もう一度アルミホイルでくるんで焼き直す．抵抗は約 100 Ω程度になる．
5. 焼きあがった木炭や竹炭にティッシュペーパーを巻き，その外側にアルミホイルを巻く．このとき，炭とアルミホイルが接触してショートしないように注意する．

実験

1. 電子メロディなどを，木炭電池や竹炭電池につなぐ．電子メロディが鳴る音が聞こえるか確かめてみる．
2. LED を点灯させるためには，どのようにつなぐ方が良いのか確かめてみる．

応用

アルミホイルでくるんだだけでは，うまく蒸し焼きができない場合がある．そのときには，アルミ缶とスチール缶を利用して炭焼きを行うとよい．

1. コーヒーなどのスチール缶の一方の口を，缶切りで開け，このなかに割りばしや竹箸などを，ぎゅうぎゅうに押し込む．
2. コーヒー缶に外からかぶせるのにぴったりなアルミ缶をさがし，アルミ缶の一方の口を缶切りで開け，コーヒー缶にぴったりかぶせる．
3. ガスコンロの上で，蒸し焼きにする．
4. アルミ缶はぼろぼろになってしまうが，スチール缶はそのままの姿をとどめ，そのなかに木炭や竹炭ができている．

結果

しっかりと蒸し焼きにできていると，この電池 1 個で電子メロディが鳴る．LED を点灯させるためには，2 本直列にすることが必要である．

この実験からわかること

2 種類の金属と，電解液があれば化学電池ができることがわかる．

18 赤外線の発見

サー・フレデリック・ウィリアム・ハーシェル
(Sir Frederick William Herschel, 1738 ~ 1822 年)

サー・フレデリック・ウィリアム・ハーシェルとは？

サー・フレデリック・ウィリアム・ハーシェル（以降，ハーシェル）は，ドイツ・ハノーファー出身のイギリスの天文学者・音楽家・望遠鏡製作者である．1755 年にイギリスへ移ったのち，ハーシェルは，ヴァイオリン，オーボエ，オルガンも演奏し，24 曲の交響曲をはじめ協奏曲・教会音楽などを作曲したり，市民音楽会指揮者を勤めた．

1781 年 3 月 13 日に，バースのニュー・キング・ストリート 19 番地にある自宅で天王星を発見し，いちやく有名人となった．ハーシェルは生涯 400 台以上の望遠鏡を製作した．1820 年にロンドン天文学会を共同で設立した．1830 年には勅許を得て王立天文学会となった．1822 年 8 月 25 日没．

赤外線の発見まで

1800年，ハーシェルにより赤外線放射が発見された．太陽光をプリズムに透過させ，可視光のスペクトルの赤色光を越えた位置に温度計を置く実験を行ったところ，温度計の温度は上昇した．

このことから，赤色光の外側に目に見えない光が存在すると結論づけた．この発見に刺激され，翌1801年にはドイツのヨハン・ヴィルヘルム・リッターにより紫外線も発見されている．その後1850年に，イタリアのマセドニオ・メローニが，赤外線には反射，屈折，偏光，干渉，回折がみられ，その性質は可視光と同じであることを実験によって示した．

赤外線って？

人間がみることができる可視光線の波長は，380 nmから760～830 nm付近までで，それより波長の長い光は知覚できない．**赤外線**は，可視光線の赤色より波長が長く，つまり周波数が低いので，人間の目では見ることができない光である．英語ではinfraredといい，「赤より下にある」「赤より低い」という意味で，IRと略す．対義語としては，「紫より上にある」「紫より高い」という意味の**紫外線**（ultraviolet）がある．ミリ波長の電波よりも波長の短い電磁波となる．

赤外線は，**近赤外線**，**中赤外線**，**遠赤外線**に分けられる．近赤外線は，波長がおよそ0.7～2.5 μmの電磁波で，赤色の可視光線に近い波長を持つ．性質も可視光線に近い特性を持つため「見えない光」として，赤外線カメラや赤外線通信，家電用のリモコンなどに応用されている．中赤外線は，波長がおよそ2.5～4 μmの電磁波で，波数が1300～650 cm^{-1}の領域は指紋領域と呼ばれ，物質固有の吸収スペクトルが現れるため，化学物質の同定に活用できる．遠赤外線は，波長がおよそ4～1000 μmの電磁波で，電波の性質に近い．

物質は，温度に応じたスペクトルを持つ電磁波を黒体放射する．常温物体からは必ず赤外線が放射されている．室温20℃の物体が放射する赤外線のピーク波長は10 μm程度である．赤外線は，熱線とも呼ばれる．赤外線は大気に吸収され，その一部が地上に届く．

大気の窓とは，光の透過率が高い波長域のことである．人工衛星などからの地表観測用のセンサや，地上からの観測する赤外線天文学でも，大気による影響を小さくするため，この波長域が使用される．

Let's 再現！～実際に実験を行って確かめてみよう～

実験 1　分野 物理　レベル ☆

赤外線をみる実験

可視光線は，世界的には６色とされている．日本では，これまでは伝統的に７色とされてきた．具体的には，赤・橙・黄・緑・青・藍・紫であるが，現在では藍をのぞいて６色とされる場合が多い．赤外線は，赤の外側ということで，人間の目ではみえない光というわけである．

目にみえない赤外線も，特殊な方法を用いることでみることができる．

準備

スマホのカメラアプリやデジカメ，テレビなどのリモコン

実験

1. テレビなどのリモコンのチャンネルボタンを押して，スマホのカメラアプリやデジカメで撮影してみる．

結果

肉眼でみても送信部には何もみえないが，スマホのカメラアプリやデジカメを通してみると，発光していることがわかる．

解説

スマホのカメラアプリやデジカメでは，光の受光センサーが，光をエネルギーとして受けて電気エネルギーに変換しているので，赤外線領域の光も受光すれば反応する．その結果，スマホのカメラアプリやデジカメでは，発光部が光っているようにみえる．

実験 2　分野 物理・地学　レベル ☆☆

赤外線ランプを使った明暗の実験

物体の色がみえるということは，発光物体が出す色をみている場合と，もう一つは物体が目にみえているその色を反射してみえている場合とがある．白色光線といって７色（６色）を含んだ光が物体に当たると，物体が赤色を反射した場合

には赤色に，物体が青色を反射した場合には青色にみえるが，ナトリウムランプからの光のように単色光線をあてると，明暗にしかみえない．具体的には，もし，最初にあてる光が赤色しかなかった場合には，青色の反射はみられないため，暗くなる．逆に赤色の物体は赤色を反射するので明るくみえる．

赤外線ランプは，昔は，透明だったとのことである．しかし，透明のままだとランプが点灯しているのかどうかがわからず火傷を負う事故が多発したので，現在では人の目にみえる赤色も発色させている．このランプを使うと，安価にモノクロの世界を作り出し，観察することができる．

準備

赤外線ランプ，色紙や色つきのモニュメント，ポスター，テレビやパソコンのディスプレイ

実験

1. 色紙や色つきのモニュメントで，赤色や緑色や黄色，青色など，いろいろな色を白色光のもとで肉眼でみてみる．
2. 同じ色紙や色つきのモニュメントを赤外線ランプだけをあてて観察してみる．
3. テレビやパソコンのディスプレイを肉眼でみてみる．
4. 同じテレビやパソコンのディスプレイを赤外線ランプだけをあてて観察してみる．

結果

反射した光をみている場合は，全体的に赤色がベースとなったモノクロの世界が出現する．自身が発光しているテレビやパソコンのディスプレイの場合には，もともとの色でみることができる．

解説

赤外線ランプは，本来は目に見えない赤外線だけを出すのであるが，市販の赤外線ランプでは赤色の波長の光も含まれている．しかし，単色であるため，赤色をベースとしたモノクロの世界が出現することになる．

この実験からわかること

可視光線の赤色の外側には，目にみえない光線，赤外線が存在することがわかる．

紫外線の発見

ヨハン・ヴィルヘルム・リッター
(Johann Wilhelm Ritter, 1776 ～ 1810 年)

？ ヨハン・ヴィルヘルム・リッターとは？

ヨハン・ヴィルヘルム・リッター（以降，リッター）は，現ポーランド領のシレジアに生まれたドイツの物理学者．薬剤師として勤めたのち，イェーナ大学に入学した．電気実験に興味をもち，1804 年から 33 歳で病死するまでミュンヘンのバイエルン科学アカデミーで働いた．1799 年には水の電気分解を，1800 年には電気めっきの研究を行った．1801 年には熱電現象，さらに同じく 1801 年には電流による筋肉の収縮を調べた．1802 ～ 1803 年にかけて乾電池を組み立てた．1800 年のハーシェルの赤外線発見に刺激されて，可視光の反対側にも見えない光がないかと思い，1801 年に電気化学的方法で紫外線を発見した．1810 年に貧困の中で亡くなった．

紫外線の発見まで

17 世紀にニュートンがプリズムを用いて可視光線が赤・橙・黄・緑・青・藍・紫の 7 色に分かれることを発表したのち，1800 年にイギリスのウィリアム・ハーシェルによって赤外線が発見された．これを受けて，ドイツのリッターが，7 色のスペクトルの反対側にも，紫より短い波長の光があるのではと探し始めた．1801 年，リッターは光に反応する塩化銀を塗った紙を使用して，紫の外側にも目に見えない光を発見した．その後，1893 年にドイツのヴィクトール・シューマンによって真空紫外線が発見された．

紫外線って？

紫外線は，可視光線の紫色の外側という意味で，紫色よりも波長が短く軟 X 線より長い電磁波で，波長が 10 ～ 400 nm 程度のものをいう．英語の ultraviolet から UV と略す．赤外線を熱線とよぶのに対して，紫外線を化学線とよぶ．紫外線は，殺菌消毒，ビタミン D の合成，生体に対しての血行や新陳代謝の促進，あるいは皮膚抵抗力の昂進などがある．

近紫外線（near UV），**遠紫外線・真空紫外線**（far UV（FUV）・vacuum UV（VUV））と**極紫外線・極端紫外線**（extreme UV，EUV or XUV）に分けられる．さらに，近紫外線（波長 200 ～ 380 nm）は，UV-A（波長 315 ～ 380 nm），UV-B（波長 280 ～ 315 nm）と UV-C（波長 200 ～ 280 nm）に分けられる．

太陽光の中には，UV-A，UV-B，UV-C の波長の紫外線が含まれているが，そのうち UV-A，UV-B はオゾン層を透過し地表に到達する．UV-C は，吸収が著しいため大気を通過することができない．地表に到達する紫外線の 99% が UV-A である．

UV-A は，太陽光線からのもののうち，約 5.6% が大気を通過する．ヒトが若いうちは細胞の機能を活性化，年をとってからは皮膚の老化と関係する．UV-B によって生成されるメラニン色素を酸化させ褐色に変化させる．

UV-B は，太陽光線のからのもののうち，約 0.5% が大気を通過する．色素細胞がメラニンを生成し防御反応をするので，日焼けを起こす．この際ビタミン D を生成する．

UV-C は，オゾン層で守られ地表には到達しない．強い殺菌作用がある．ハロン系物質によりオゾン層が破壊されると，地表に到達して影響が出る．

遠紫外線，真空紫外線（VUV，vacuum UV）は，酸素分子や窒素分子に吸収され地表には到達しない．真空中でないと進行しないため真空紫外線とよばれる．極端紫外線は，極紫外線ともよばれる．極端紫外線は，物質の電子状態の遷移により放出され，X 線との境界はあいまいである．

1970 年代以降，極圏のオゾン層の減少により，とくに南極上空においてオゾンホールが発生するようになり，南半球南部，とくにオーストラリアやニュージーランドなどにおいて紫外線量が急増した．

オゾンホールは 1985 年ごろに発見され，1990 年代半ばまでは急速に広がったものの，それ以降は 1987 年のオゾン層を破壊する物質に関するモントリオール議定書によるフロンガスの国際的な生産・使用規制などによってオゾン層の破壊のスピードは弱まった．しかし，一度拡大したオゾンホールの規模は縮小しないままで，2010 年代に入っても大規模なままである．また，紫外線量の減少も起こらないままである．

Let's 再現！～実際に実験を行って確かめてみよう～

分野 物理・化学・地学　レベル ☆☆

実験1 ブラックライトで光る物質

準備

ブラックライト（蛍光灯を売っている店ならどこでも手に入る），あるいは 100 円ショップの紫外線 LED，栄養ドリンク各種（ビタミン B2 の入っているもの），ジュース類など，ガラスコップなど，粉状の洗濯用合成洗剤，はけ，両面が無地のうちわ

実験

1. いろいろな栄養ドリンクやジュースを，ガラスコップに移し替えて，これにブラックライトを当ててみる．

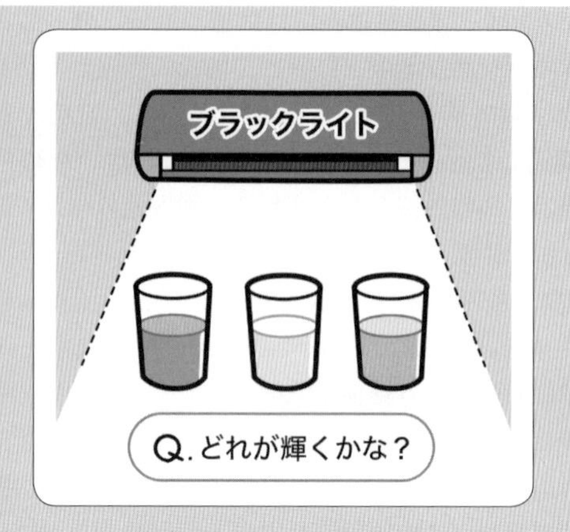

結果

ビタミンBが入っているものだけ，きれいに蛍光を発する．しかし，茶色のボトルに入れたものでは，ブラックライトを当てても蛍光はみられない（理由：茶色の瓶が中のドリンクに光りが当たらないようにしているから）．茶色いビール瓶やグリーン系のワインボトル，日本酒の瓶，薬瓶も同じ理由で着色されている．

解説

ブラックライトは，蛍光管の一種である．点灯する前，管の色が真っ黒なのでブラックライトというが，点灯すると紫色の光や紫外線を発する．

光のエネルギーEは，プランク定数をh，振動数をν，波長λとすると

$$E = h\nu = h\frac{c}{\lambda}$$

と書ける．つまり波長が短いほど，振動数が高いほど高いエネルギーをもつことがわかる．可視光線は，波長の長い方から赤橙黄緑青藍紫の7色である（藍を抜いて6色とすることも多い）．紫外線は紫より波長が短いので，エネルギーも高く危険である．

殺菌灯は，紫外線を照射して殺菌するものである．ブラックライトでは，その領域の波長の紫外線はカットされているので安全であるが，長時間，見続けない方がよい．

実験 2　分野 物理・化学　レベル ☆

ブラックライトで光る実験

準備

粉状の合成洗剤，水，ブラックライト

実験

1. 粉状の合成洗剤を水に溶いて，無地のうちわに絵を描いてみる.

結果

ブラックライトをあてると，現代風あぶり出しとなる.

実験 3 蛍光発色シートの実験

分野 物理・化学・地学　**レベル** ☆☆

準備

厚紙，赤色・緑色・青色の各蛍光発色シート（紫外線を受けると発色するが，白色光のもとでは白色にみえる），ブラックライト

工作

1. 星型正 12 面体を作る．具体的には，二等辺三角形を 3 個利用して，3 角錐をつくり，その底辺をつないでいくと，星形正 12 面面体ができる.
2. 星形正 12 面体に，赤色蛍光発色シート，緑色蛍光発色シート，青色発色シートを貼る.

実験

1. 蛍光発色シートを貼った星型正 12 面体に，ブラックライトを当ててみる.

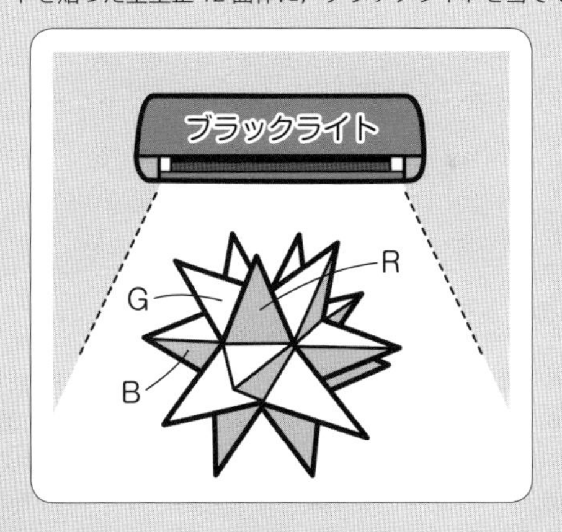

結果

RGB の 3 色をそれぞれ発色した.

解説

蛍光灯が発する色は，蛍光管の内側に塗布された塗料がどんな色を発色する蛍光発色剤なのかによって決まる．企業秘密になっている部分が多いが，教育的な観点から，RGB の 3 色の色をそれぞれ発するものを選んだ．選んだ蛍光発色シートと同じタイプの蛍光剤が，蛍光管の内側に塗布されていた場合，紫外線が蛍光剤に照射されると，RGB の 3 色がそれぞれ発色され，これら光を加色昆合することで，白色系の蛍光灯や電球色の蛍光灯のみならず，ピンク色や水色の蛍光管など，いろいろな色の蛍光管を作ることができる．

分野 物理，化学，地学　**レベル** ☆

UV カットの力

準備

UV 変色製品（サンバイザーやネクタイ，UV ビーズなど），UV カットクリーム各種

実験

1. UV 変色製品の一部分に，いろいろな種類の UV カットクリームを塗る．
2. 数分間，太陽光に当てる．

結果

UV カットクリームを塗った部分は，紫外線による変色を受けない．それ以外の部分は，受けた紫外線量によって変色する．UV カットの性能が低いと，UV カットクリームを塗ったのに，紫外線の影響がでて変色する．端的にいうと，UV カットクリームの性能をみることができる．

◇ UV カットクリーム

この実験では，UV カットクリームの性能を確かめてみた．しかし，顔などに塗る場合は，その性能ばかりでなく，肌に優しいかどうかも重要な製品選択の条件となる．UV カットクリームでは，UVB（紫外線 B 波）対策に効果的な「SPF（1～50＋で表示）」と UVA（紫外線 A 波）を防ぐ「PA（4 段階の「＋」マークで表示）」のそれぞれでレベル表示をしている．

実験 5　紫外線で生物実験

分野 物理，化学，生物　**レベル** ☆

準備

紫外線ランプ，モンシロチョウ（雄と雌），春に咲く花など

実験

1. モンシロチョウの雄と雌（見分ける方法：前ばねの黒い模様で，幅が狭い方が「雄」，幅が広い方が「雌」）を準備し，紫外線ランプで羽の模様をみる．
2. いろいろな花を準備し，紫外線ランプで花を観察する．
3. 紫外線ランプもしくは，電撃殺虫灯を準備し，夜に点灯する．

結果

1. モンシロチョウは雄と雌で，羽の模様が異なることがわかる．
2. 花は，蜜のある場所が，可視光でみえないが，紫外線でみるとはっきりとわかる．
3. 夜に，蛾や蚊などの害虫が，紫外線により集まってくることがわかる．

実験 6　紫外線発色インクが塗布されたものをみつけよう

分野 物理，化学　**レベル** ☆

準備

紫外線ランプ，1 万円札など，使用済郵便物，クレジットカード，パスポートなど

実験

1. 紫外線発色インクで文字や文様が書かれた物に，紫外線ランプを当てる．

結果

可視光ではみえなかった隠し文字や文様が，紫外線だとはっきりと読み取れる．

この実験からわかること

紫外線の化学線としての性質が理解できる．

めも

20 ヤングの実験

トマス・ヤング
（Thomas Young, 1773 ~ 1829 年）

トマス・ヤングとは？

トマス・ヤング（以降，ヤング）は，イギリスの物理学者．1792 年にロンドンで医学の勉強をし，1796 年に医学の学位を得，1800 年に医師を開業する．1794 年，王立協会フェローに選出される．1801 年に王立研究所の自然学の教授になり，医学の面では乱視や色の知覚などの研究をした（ヤング＝ヘルムホルツの三色説）．また視覚の研究から，光学の研究の方にむかい，ヤングの干渉実験を行い，光の波動説を主張した．また，ヤング率という名前を残した．エネルギー（energy）という用語を初めて用いたのも彼である．不協和音が最も少ない調律法であるヤング音律（ヴァロッティ＝ヤング音律とも呼ばれる）を 1799 年に考案し翌年発表した．ロゼッタ・ストーンなどのエジプトのヒエログリフの解読を試みている．

粒子説と波動説～ヤングの実験まで～

ニュートンは，光の粒子説を唱え，講演や『プリンキピア』および『光学』の中で述べている．光が持ついくつかの性質は，光が粒子であるとするとうまく説明できることから，光の本質は粒子であるとする説であるが，ホイヘンスによる光の波動説と対立するものであった．

ホイヘンスは，『光についての論考』（1690 年）内で，回折など光に関する波動としての性質を論じ，ホイヘンスの原理にまとめた．ホイヘンスは，その本の中で，光が波であるならば，それを伝える媒質が必要であると考え，その媒質をエーテルと提案した．すぐ後に，ニュートンによる光の粒子説が提唱され，互いに対立した．1805 年頃に，ヤングによって，光の干渉に関するヤングの実験が行なわれ，1835 年頃にはフレネルによってホイヘンスの原理が補完され，光は横波であるとの結論が出された．1850 年にはフーコーが，翌 1851 年にはフィゾーが，それぞれ独立に空気中での光速度が水中での光速度より大きいことを実験で確認したことで，波動説がほぼ確立された．

ヤングの実験って？

ヤングは，1805 年ごろ，光源から出た光をモノスリットを通してコーヒレントな光を作り，これをダブルスリットを通してスクリーンに写したところ，干渉縞が生じることを示した．これは，光の波動性を示す実験となった．

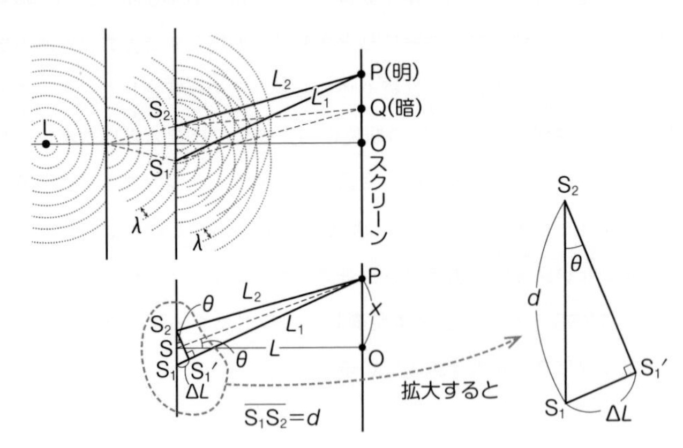

光路差 $S_1S_1{}' = \Delta L$ は，$|S_1P - S_2P|$ と二つの光路の差で表される．S_1P と S_2P は平行とみなせ，S_1S_2 の垂直二等分線 OS と SP のなす角を θ とし，S_2 から S_1P に垂線を降ろし，その足を $S_1{}'$ とすると $S_1S_1{}' \perp S_2S_1{}'$ なので $\Delta OPS \backsim \Delta S_1{}'S_1S_2$

したがって $\angle S_1S_2S_1{}' = \theta$ である．また，$S_1S_2 = d$ なので，

$$\Delta L = |L_1 - L_2| = d\sin\theta \fallingdotseq d\theta = d\tan\theta = d\frac{x}{L}$$

$$d\frac{x}{L} = \begin{cases} m\lambda & \cdots\cdots \text{ 明線} \\ & (m = 0,\ \pm 1,\ \pm 2,\ \cdots\cdots) \\ \left(m + \dfrac{1}{2}\right)\lambda & \cdots\cdots \text{ 暗線} \end{cases}$$

また ΔL は別の方法として，三平方の定理を利用して求めることもできる．

$$L_1 = \sqrt{L^2 + \left(x + \frac{d}{2}\right)^2} = \left\{L^2 + \left(x + \frac{d}{2}\right)^2\right\}^{\frac{1}{2}} = L\left\{1 + \left(\frac{x + \frac{d}{2}}{L}\right)^2\right\}^{\frac{1}{2}}$$

$$L_2 = \sqrt{L^2 + \left(x + \frac{d}{2}\right)^2} = \left\{L^2 + \left(x + \frac{d}{2}\right)^2\right\}^{\frac{1}{2}} = L\left\{1 + \left(\frac{x + \frac{d}{2}}{L}\right)^2\right\}^{\frac{1}{2}}$$

$d \ll L$ より，

$$L_1 \fallingdotseq L\left\{1 + \frac{1}{2}\left(\frac{x + \frac{d}{2}}{L}\right)^2\right\},\quad L_2 \fallingdotseq L\left\{1 + \frac{1}{2}\left(\frac{x + \frac{d}{2}}{L}\right)^2\right\}$$

なので，光路差は，$\Delta L = d\dfrac{x}{L}$ となる．

隣り合う明線（暗線）間隔 Δx は 1 波長 λ 分だけ光路差が異なるため，$\Delta L = \lambda$ なので，$\Delta x = \dfrac{L}{d}\lambda$ となる．

Let's 再現！～実際に実験を行って確かめてみよう～

実験 1

分野 物理　レベル ☆☆

分光筒タイプA

準備

ラップの筒，分光シート（回折シート）5 cm × 5 cm，黒布ガムテープ，セロハンテープ

工作

1. ラップの筒に，ガムテープのスッキリ面を半月のように貼る．
2. もう1枚を逆側に貼り，対物用スリットを作る．スリットは髪の毛1本分のすきまとする．

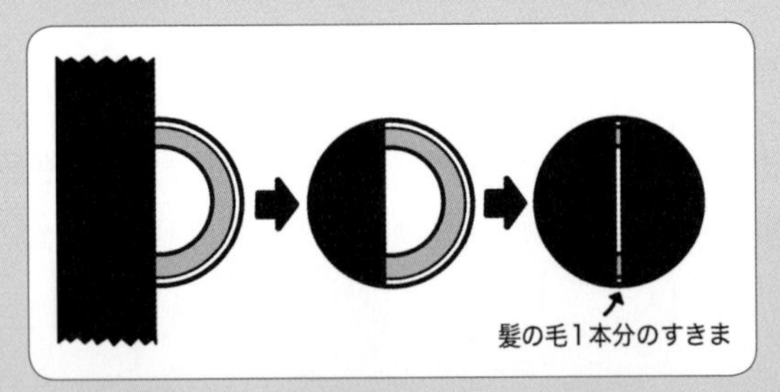

3. 対物側の筒の淵に，長さ 11 cm 程度の黒のガムテープを巻く．対物側が完成！
4. 次に接眼側を作る．分光シートの対角線にセロハンテープを合計4枚つけて，接眼側から光源をみたとき，結果にある写真のようにみえることを確認してから，対角線上にイラストの順番で貼る．
5. 接眼側の筒の淵にも，11 cm 程度の黒のガムテープを巻く．これで接眼側が完成！

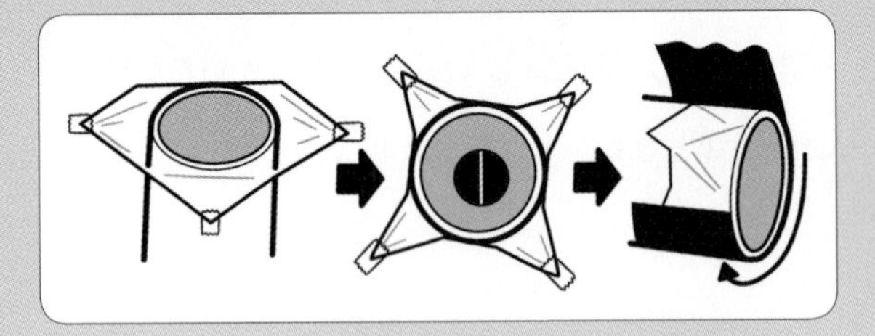

実験

1. いろいろな電球のスペクトルを見比べてみる．例えば，白熱電球，電球色電球型蛍光灯（省エネ電球と呼ばれた），電球色電球型 LED ランプ（超省エネ電球と呼ばれた）や，蛍光灯などをみてみるとよい．

結果

白熱電球（左上写真）は，太陽光線のように，7色のすべてが連続したスペクトルになる．省エネ電球（右上写真）は，蛍光灯なので蛍光剤が光る色のみが発色するとびとびのスペクトルになる．LED（中下写真）は青と緑の間にわずかな暗線があるが，ほぼ7色のすべてそろったスペクトルとなる．

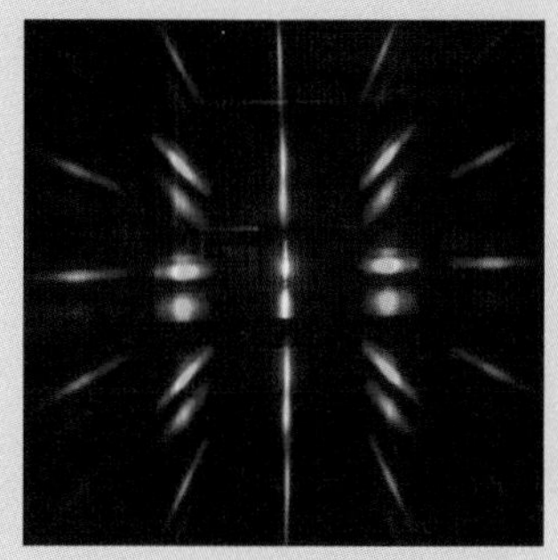
白熱電球

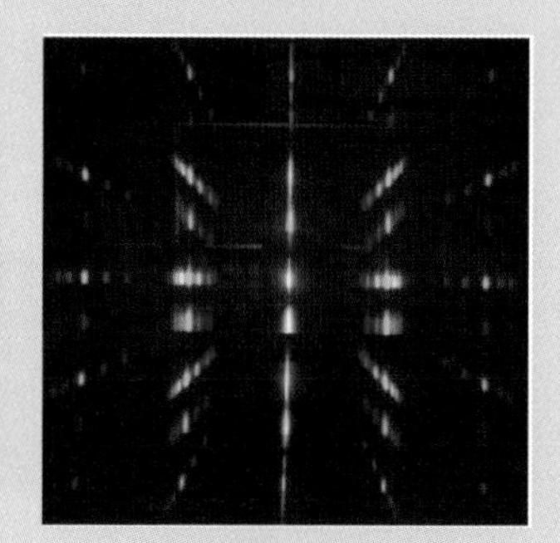
電球色電球型蛍光灯

電球色電球型 LED

実験 2

分野 物理　**レベル** ☆

分光筒タイプB

準備

ラップの筒，分光シート（回折シート）（5 cm × 5 cm），黒布ガムテープ，セロハンテープ

実験

1. 分光筒タイプAと同様に作るが，対物側は黒布ガムテープで筒をふたし，淵に11 cm程度の黒のガムテープを巻く．
2. フタをしたガムテープに，千枚通しなどで，きれいな幾何学的な模様になるように小さな穴をあける．

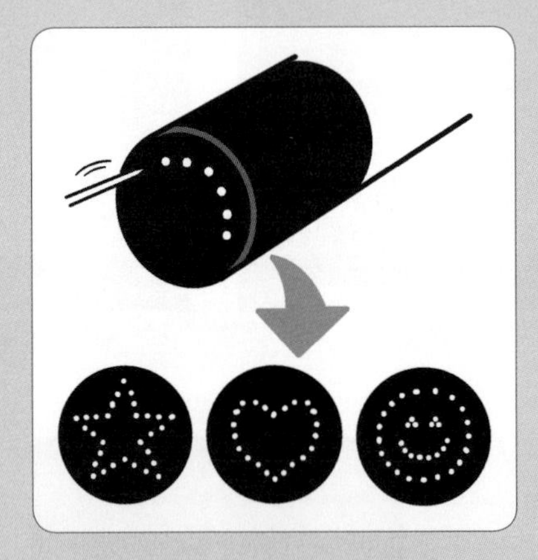

3. 照明器具の方に向けて，接眼側からのぞいてみる．また，分光筒をくるくる回転させてみる．

結果

そのままのぞくだけでも，いろいろなデザインを楽しめるが，分光筒を回転させると，万華鏡のような素敵な光のファンタジーショーを楽しめる．

この実験からわかること

光は，干渉・回折現象を示し，波動性をもつことが確認できる．

偏光のマリュスの法則

エティエンヌ=ルイ・マリュス
(Etienne-Louis Malus, 1775 ～ 1812 年)

エティエンヌ=ルイ・マリュスとは？

エティエンヌ=ルイ・マリュス（以降，マリュス）はパリで生まれたフランスの軍人，技術者，物理学者，数学者である．反射光の偏光について，マリュスの法則を発見した．

マリュスは，ナポレオンのエジプト遠征に加わった．このとき，偏光について発見した．数学的業績は光，幾何光学に関するもので，クリスティアーン・ホイヘンスの光の理論を証明する実験を行った．光の偏光に関する発見は 1809 年に発表され，結晶中の複屈折に関する理論を 1810 年に発表した．1810 年にフランス科学アカデミーのメンバーになった．

偏光の発見まで

マリュスは，ナポレオンの軍隊の技術者として従軍したが，1808 年，パリのアンフェル通りの自宅の窓から，リュクセンブルク宮殿の窓で反射された夕日を，方解石の結晶を回転させながらのぞくと，角度によって反射された夕日の見え方が変わることを発見した．この現象を**偏光**という．

偏光って？

自然光は偏光を示さない．光は電磁波で，電場の変化が磁場を生み，磁場の変化が電場を生みながら伝搬していくものである．電場の振動面と磁場の振動面は互いに直交しているが，電場および磁場の振動面は自然光においては全方向である．自然光を偏光子（一部の結晶や光学フィルター）に通すと，電場および磁場の振動面が一方向に偏った光となる．これを，偏光（polarization）という．ここでは，電場に注目して解説を続ける．光の電場の振幅は，直交する 2 方向の振動成分に分解できる．

偏光子の偏光方向を直交させて重ねることを**クロスニコル**という．クロスニコルでは，光はほとんど通らない（この場合の偏光板は，光の波での説明モデルで，電場での説明モデルではない）．クロスニコルに設置した 2 枚の偏光子の間に，位相差板を挿入すると光が透過する．

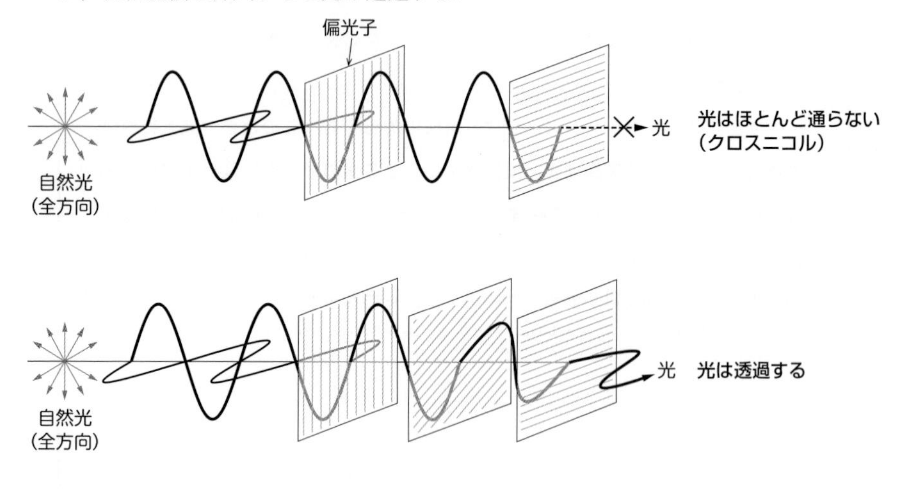

また，直線偏光フィルムの吸収軸に対し，1/4 位相差フィルムの遅延軸を 45 度に重ねて貼ると右回転円偏光板に，135 度（−45 度）に重ねて貼ると左回転の円偏光板になる．

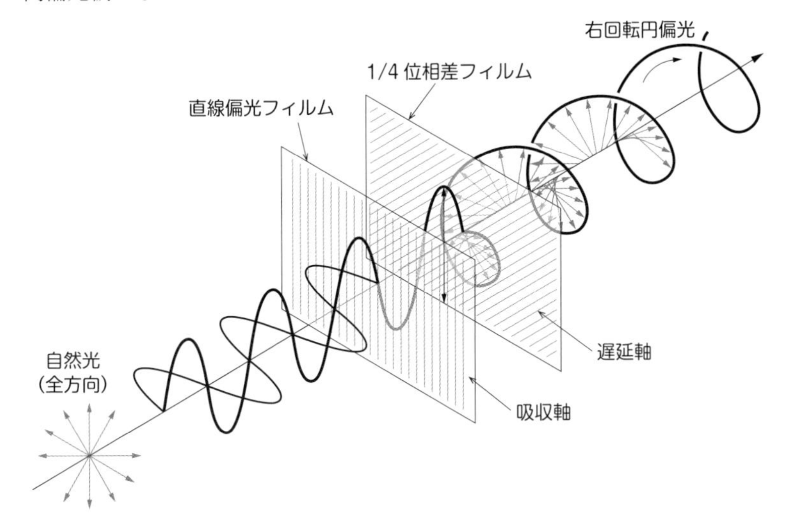

マリュスの法則って？

マリュスは，2 枚の偏光板を透過する光の強度につて，次の現象が起こることを発見した．入射光の強度が I_0 のとき，偏光板を透過した光の強度 I は，

$$I = I_0 \cos^2 \theta$$

となる．θ は入射光に対する偏光板の角度であるという事を導いた．これを**マリュスの法則**という．

Let's 再現！～実際に実験を行って確かめてみよう～

偏光は，現代では，日常のいろいろなものに活用されている．水面やガラス面などで光が反射するとき，入射面に垂直な偏光成分が多くなる．この原理を利用した偏光サングラスを使うと，水面での反射光をカットし，水の中がよくみえるようになる．そのため，魚つりをするみなさんの間で重宝されている．

分野 物理・地学　**レベル** ☆

クロスニコルとオープンニコルの実験

準備

偏光サングラスあるいは偏光板（2 枚）

実験

1. 偏光サングラスのレンズをとりはずして，レンズを 2 枚かさねて，一方を少しずつ回転させる．

結果

向こう側が暗くなったり（クロスニコル），明るくなったりする（オープンニコル）．

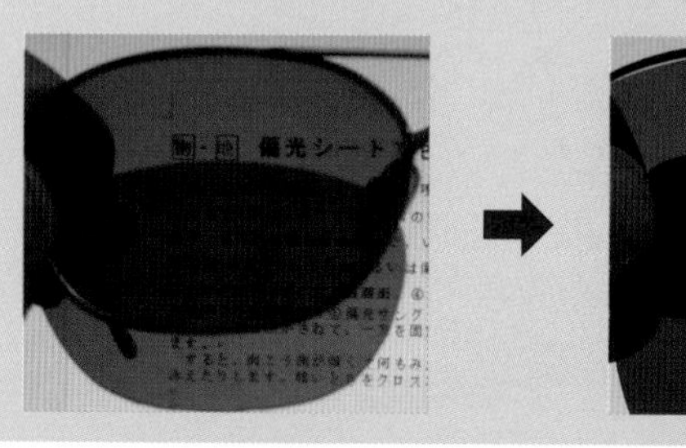

実験 2

分野 物理　**レベル** ☆

液晶による偏光実験

準備

偏光サングラスあるいは偏光板（2 枚），液晶画面

実験

1. 偏光サングラスを液晶ディスプレイや液晶テレビの画面の上にかざして，少しずつ回転させてみる．

結果

レンズを回転させると，向こう側が暗くなったり，明るくなったりする．

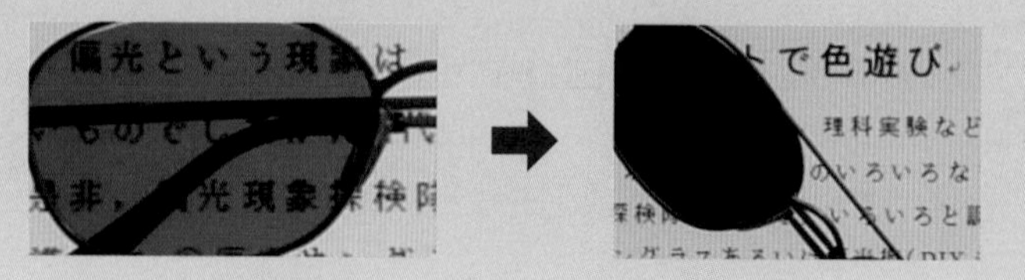

実験 3　**分野** 物理・化学・地学　**レベル** ☆

偏光板で光弾性をみよう

準備

偏光板（2 枚），ポリ袋，プラスチック製の定規や DVD ケースなど

実験

1. ポリ袋を 5 cm × 5 cm 程度に切って偏光板にはさんでみる.
2. ポリ袋を指で引き延ばして，偏光板の間にはさんでみる.
3. プラスチック製の定規や DVD ケースなどを曲げて反らし，偏光板の間にはさんでみる.

結果

ポリ袋などを指でひっぱると，**光弾性**といって，伸びに対するテンションの強さにより色づいてみえる．同様に，プラスチックケースなども応力を加えて偏光板を用いて観察すると色づいてみえる．これは，外力を受けた弾性体が複屈折を起こして光弾性を示すからである.

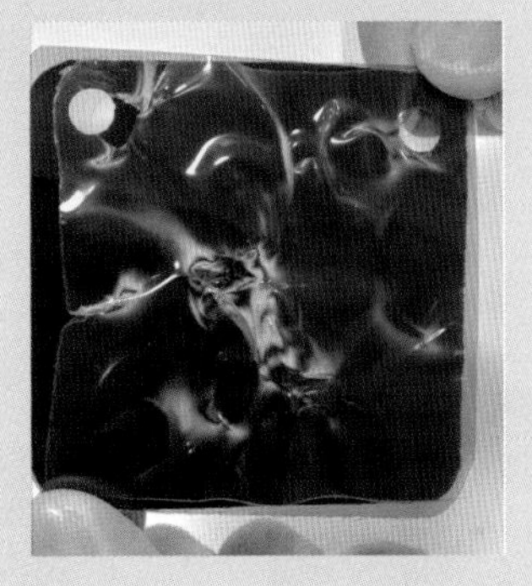

実験 4　**分野** 物理　**レベル** ☆

偏光板にセロハンテープを貼ると？？実験

準備

偏光サングラスあるいは偏光板（2 枚），透明なポリ袋シート，セロハンテープ，液晶ディスプレイ

実験

1. 透明なポリ袋シートを 5 cm × 5 cm 程度に切って，その上にセロハンテープをいろいろ貼る．
2. セロハンテープで貼ったシートを 2 枚の偏光板ではさんで光を通して見る．ただし，太陽光でみてはいけない．
3. 片方の偏光板を回転させてみる．
4. セロハンテープを貼ったシートと偏光板を重ねて，液晶画面の上でかざしたり，回転させたりしてみる．

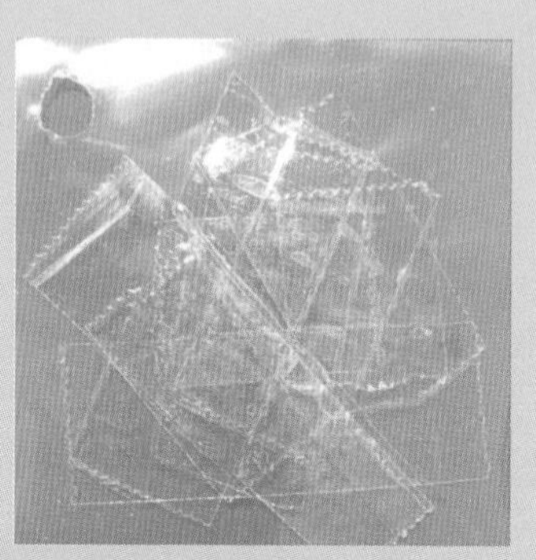

結果

セロハンテープを貼ったシートと偏光板を重ねたものにもう 1 枚の偏光板を重ね通してみると，不思議なステンドクラスのようにみえる．回転させると，いろいろ色が変わって面白い．液晶画面の上でも，同じように楽しめる．

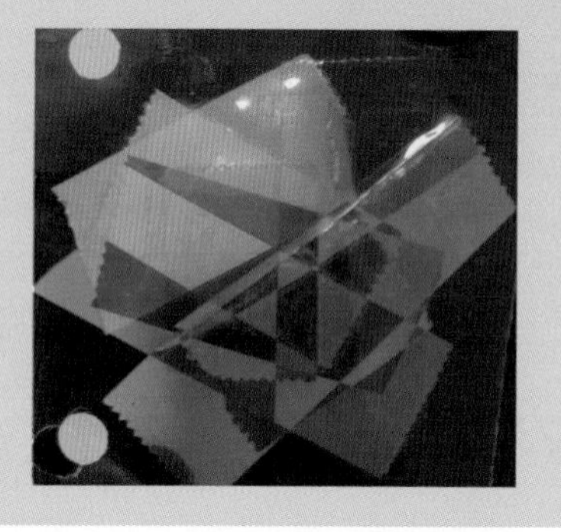

実験 5

分野 物理　レベル ☆☆

ブラックウォール

準備

偏光板，透明なブックラベルシート

実験

1. 透明なブックラベルシートの粘着面を上にして，クロスニコルにした同じ形の長方形の偏光板を2枚隣同士に並べて，そのまま巻きずしを作る要領で巻き込む.
2. 側面からみてみる.
3. ボールペンや長い棒などで黒い壁をついてみる.

結果

あるはずがない黒い壁がみえる．これをブラックウォールとよぶ．スルリと通り抜けるので，不思議感が醸し出せ，科学マジックとしてもウケる.

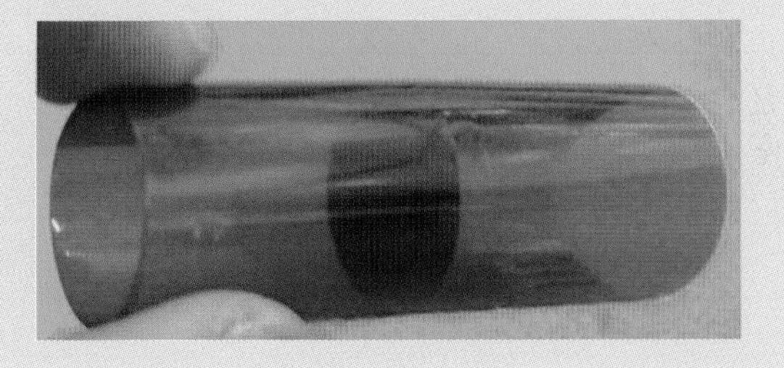

この実験からわかること

偏光板で，自然光が偏光することが理解できる.

めも

スターリングエンジン

ロバート・スターリング
(Robert Stirling, 1790 ~ 1878 年)

ロバート・スターリングとは？

ロバート・スターリング（以降，スターリング）は，スコットランドの牧師，発明家で，1816 年にスターリングエンジンを発明したことで有名である．

スターリングは，父親の影響で工学に興味を持ったが，神学を勉強して 1816 年にスコットランド教会の牧師となった．しかし赴任した教区で，蒸気機関の爆発事故の多発を目にした．当時も安全よりも利益が優先され，ワット式の蒸気機関を高圧化して使用したため事故が多発した．そこでスターリングは，安全性が高く，効率的な動力源の開発を始めた．1816 年に発明し，1819 年には実用的なスターリングエンジンが開発された．1878 年，スコットランド南部のガルストンで死去．

スターリングエンジンの開発まで

ヘロンが開発した「ヘロンの蒸気機関」は，蒸気の噴出装置を円周上に配置し回転力を得るものだった．その後，ドニ・パパンは，蒸気を活用して大気の力を動力とするドニ・パパンの蒸気機関模型を製作した．またトマス・セイヴァリは，1698 年に「火の機関（セイヴァリ機関）」を開発した．

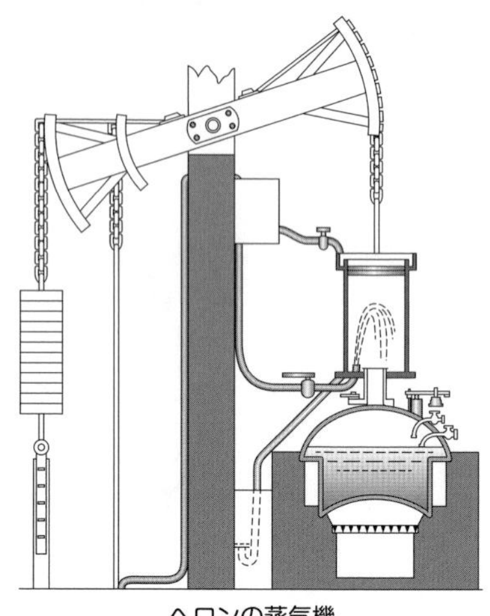
ヘロンの蒸気機

その後，1712 年に，トマス・ニューコメンが鉱山の排水用として実用になる最初の蒸気機関を製作した．この蒸気機関は，ボイラとは別に設けたシリンダーの蒸気に冷水を吹き込んで冷やし，蒸気が凝縮して生じる真空（大気圧）でピストンを吸引し，頂部の大きなてこを介して，その力で坑道からの揚水ポンプを動かすというものであった．燃料効率は低く，掘り出した石炭のうち実に 1/3 程度がこの揚水ポンプのために使われ，熱効率は 1% にも達しない程度であった．

ジェームズ・ワットは，ニューコメンの蒸気機関を改良し 1769 年に新方式の蒸気機関を開発した．往復運動から回転運動への変換などの多くの改良がなされていた．しかし，事故が多発するため，スターリングが新型の開発を行った．

スターリングエンジンの原理って？

熱エネルギーを仕事に変換する効率はカルノーサイクルを超える事はできないことが知られている．スターリングエンジンは，理想的にはカルノーサイクルと同じ熱効率を実現しうるものである．

ビー玉スターリングエンジン模型を用いて動作原理について考えてみよう．

試験管を固形燃料で熱すると，エンジンの中の気体の温度が上がり気体が膨張し，注射器内の気体の体積が増え，注射器に連動して試験管の底が下になるよう

スターリングエンジン

ロバート・スターリング
(Robert Stirling, 1790 ～ 1878 年)

ロバート・スターリングとは？

ロバート・スターリング（以降，スターリング）は，スコットランドの牧師，発明家で，1816 年にスターリングエンジンを発明したことで有名である．

スターリングは，父親の影響で工学に興味を持ったが，神学を勉強して1816 年にスコットランド教会の牧師となった．しかし赴任した教区で，蒸気機関の爆発事故の多発を目にした．当時も安全よりも利益が優先され，ワット式の蒸気機関を高圧化して使用したため事故が多発した．そこでスターリングは，安全性が高く，効率的な動力源の開発を始めた．1816 年に発明し，1819 年には実用的なスターリングエンジンが開発された．1878 年，スコットランド南部のガルストンで死去．

スターリングエンジンの開発まで

ヘロンが開発した「ヘロンの蒸気機関」は，蒸気の噴出装置を円周上に配置し回転力を得るものだった．その後，ドニ・パパンは，蒸気を活用して大気の力を動力とするドニ・パパンの蒸気機関模型を製作した．またトマス・セイヴァリは，1698 年に「火の機関（セイヴァリ機関）」を開発した．

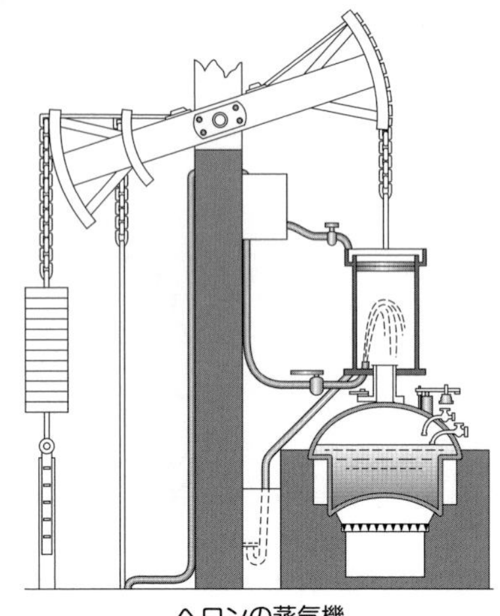
ヘロンの蒸気機

その後，1712 年に，トマス・ニューコメンが鉱山の排水用として実用になる最初の蒸気機関を製作した．この蒸気機関は，ボイラとは別に設けたシリンダーの蒸気に冷水を吹き込んで冷やし，蒸気が凝縮して生じる真空（大気圧）でピストンを吸引し，頂部の大きなてこを介して，その力で坑道からの揚水ポンプを動かすというものであった．燃料効率は低く，掘り出した石炭のうち実に 1/3 程度がこの揚水ポンプのために使われ，熱効率は 1% にも達しない程度であった．

ジェームズ・ワットは，ニューコメンの蒸気機関を改良し 1769 年に新方式の蒸気機関を開発した．往復運動から回転運動への変換などの多くの改良がなされていた．しかし，事故が多発するため，スターリングが新型の開発を行った．

スターリングエンジンの原理って？

熱エネルギーを仕事に変換する効率はカルノーサイクルを超える事はできないことが知られている．スターリングエンジンは，理想的にはカルノーサイクルと同じ熱効率を実現しうるものである．

ビー玉スターリングエンジン模型を用いて動作原理について考えてみよう．

試験管を固形燃料で熱すると，エンジンの中の気体の温度が上がり気体が膨張し，注射器内の気体の体積が増え，注射器に連動して試験管の底が下になるように傾く．試験管の中のビー玉が試験管の底に移動すると，試験管の中の気体は加熱されなくなるのでエンジンの中の気体の温度が下がる．温度が下がった気体は収縮するため，押し出された注射器が元に戻る．試験管は底が上になるように傾く．試験管の中のビー玉は，最初の状態に戻る．

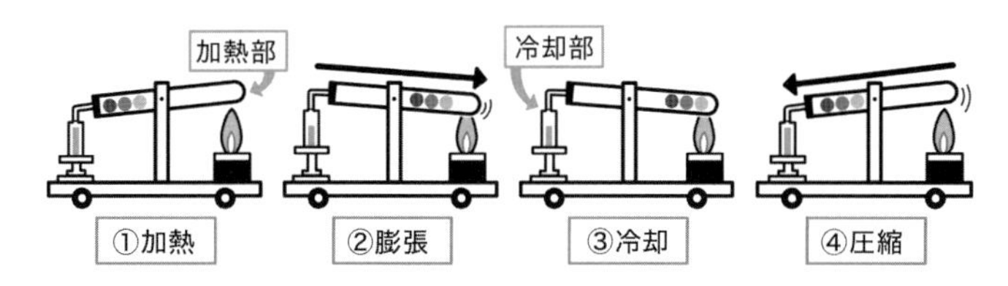

以上を繰り返すことで，注射器のシリンダーが動き続けるのでビー玉スターリングエンジンカーを作ることができる．

サイクルでの中でエンジン内の気体は，A → B → C → D → A → ・・・と四つの状態を入れ替わりながら仕事する．気体が 1 サイクル内で行った仕事は図中 W の部分である．

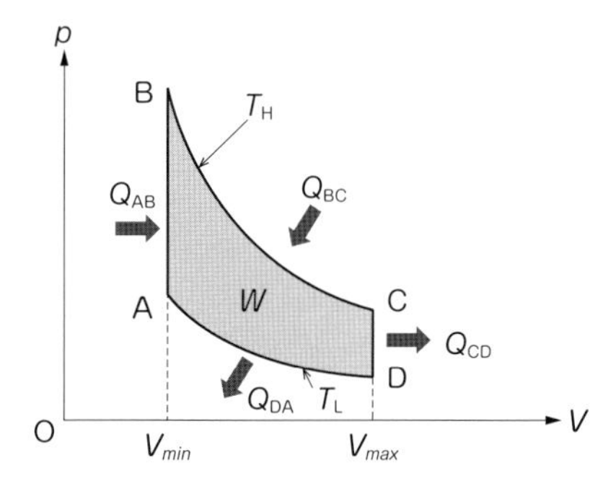

A から B は加熱（$+Q_{AB}$）による定積変化，B から C は等温変化（$+Q_{BC}$ および $-W_{BC}$），C から D は定積変化（$-Q_{CD}$），D から A は冷却による等温変化（$-Q_{DA}$ および $+W_{DA}$）である．A と D，B と C の温度はそれぞれ T_H，T_L である．

定積変化においては $Q = \Delta U = nC_V \Delta T$，$W = 0$ が成り立つため，A→B，C→D の変化においてこれを代入すると

$$Q_{AB} = nC_V(T_H - T_L),\ W_{AB} = 0$$

$$Q_{CD} = nC_V(T_L - T_H) = -nC_V(T_H - T_L),\ W_{CD} = 0$$

である．また，等温変化においては $Q = W = nRT \log \dfrac{V_2}{V_1}$ が成り立つため，

B → C，D → A の変化においてこれを代入すると

$$Q_{BC} = W_{BC} = nRT_H \log \frac{V_{max}}{V_{min}}$$

$$Q_{DA} = W_{DA} = nRT_L \log \frac{V_{min}}{V_{max}} = -nRT_L \log \frac{V_{max}}{V_{min}}$$

である．スターリングエンジンでは C → D の過程にて放出される熱量が，A → B の過程にて再利用できる（$Q_{AB} = -Q_{CD}$）．このように熱を再利用する機構のことを熱再生器という．ビー玉スターリングエンジンカーではビー玉が熱再生器の役割を果たしている．

熱効率 e を求めるにあたって，熱量 Q_{AB} はサイクルの中で放出された Q_{CD} を再利用しているため，熱効率を考える上では受け取った熱量としては考えない．そのため，熱効率 e は

$$e = \frac{W_{AB} + W_{BC} + W_{CD} + W_{DA}}{Q_{BC}}$$

$$= \frac{0 + nRT_H \log \frac{V_{max}}{V_{min}} + 0 + \left(-nRT_L \log \frac{V_{max}}{V_{min}}\right)}{nRT_H \log \frac{V_{max}}{V_{min}}}$$

右辺を $nR \log \frac{V_{max}}{V_{min}}$ で約分すると，

$$e = \frac{T_H - T_L}{T_H} = 1 - \frac{T_L}{T_H}$$

となる．

例えば，T_H と T_L を水の沸点（100℃）と水の融点（0℃）とした場合，単位を絶対温度 K に換算して，熱効率 e は

$$e = \frac{373 - 273}{373} = \frac{100}{373} \fallingdotseq 0.27$$

となる．他の変換効率が，蒸気タービン（約 40%），ガソリン機関（20～30%），蒸気機関（8～20%），原子炉（約 30%），太陽電池（約 20%）であることを考えると，スターリングエンジンの効率はなかなかよいことがわかる．

18 世紀の後半にワットが蒸気機関を改良することでイギリスに産業革命が訪れ，19 世紀半ばには蒸気機関車や蒸気船などが次々と実用化されていった．その際に蒸気機関がする仕事と機関に与える熱量の関係，すなわち熱効率をどの程

度まで上げられるかということが課題となった．この課題を解決したのが，カルノーである．彼は熱力学第 1 法則が知られていない時代に，理想的なサイクルであるカルノー・サイクルを提案し，熱効率について考察を行っている．

カルノー・サイクルの中の気体は A → B および C → D が等温変化，B → C および D → A が断熱変化をする．カルノー・サイクルは実際には実現不可能なサイクルであるが，カルノー・サイクルに限りなく近いサイクルを作ることは可能である．

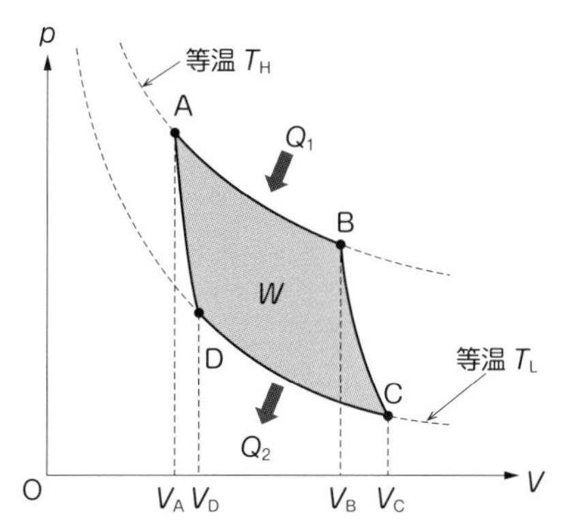

このカルノー・サイクルの熱効率 e はスターリングエンジンのときと同様に計算ができる．等温変化および断熱変化の式を使って計算すると，

$$e = 1 - \frac{T_L}{T_H}$$

となる．この式は理想的なスターリングエンジンでの熱効率の式と同じであることから，スターリングエンジンは理想的な動きを行うこと「さえ」できればカルノー・サイクルと近い熱効率を有するサイクルであるということがいえる．

Let's 再現！～実際に実験を行って確かめてみよう～

分野 物理　レベル ☆☆☆☆

スターリングエンジンカーを作ってみよう

準備

ガラス製注射器（5 mL），ガラス製試験管，ビー玉（5 個），ゴム栓（6 号），内径 3 mm のビニールチューブ（5 cm），直径 3 mm のアルミ管（3 cm），輪ゴム（2 個），スチレンボード，500 mL の四角いペットボトル（1 個），直径 3 mm のアルミ丸棒（20 cm 程度），竹くし，プラスチック段ボール，針金，プーリー（直径 4 cm），アルミ空缶（1 個），固形燃料，ライター，セロハンテープ，ビニールテープ，千枚通し

工作

1. ペットボトルの底から 9.5 cm のところを窓の下辺として縦 6 cm，横 4 cm 程度の窓を穴をあける．同じように向かい側にも穴をあける．

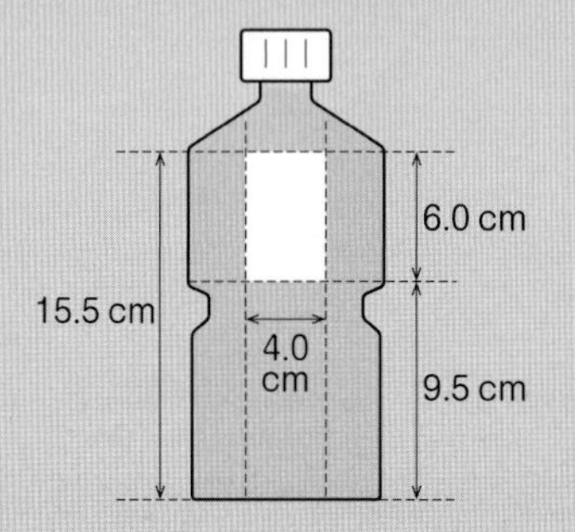

2. 次に別の向かい合っている側に，ペットボトルの底から 15 cm のところに，間隔が 1.5 cm となるように，穴を 2 か所あける．
3. 穴を開けた後，その位置が上辺となるように，下に向かって 1.5 cm の正方形を描き，3 辺をはさみで切る．ここに輪ゴムを通し，「1.」であけた窓から試験管を入れ，吊り下げる．

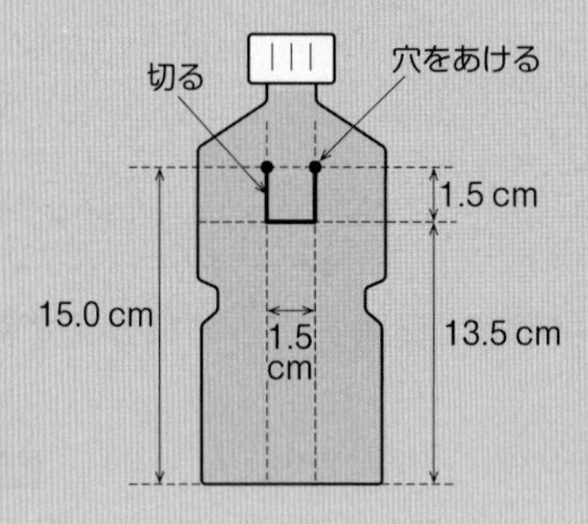

4. 試験管に，直径 3 mm のアルミ管をさしたゴム栓を取り付ける．アルミ管の先にビニールパイプを取り付ける．
5. 試験管にビー玉を 5 個入れ，ゴム栓をする．
6. スチレンボードを車体用として 7 cm × 30 cm，ピストンーの固定板用に 5 cm × 5 cm，そしてシリンダーの固定板用に 5 cm × 3 cm の大きさに切り出し，イラストのように組み立てる．

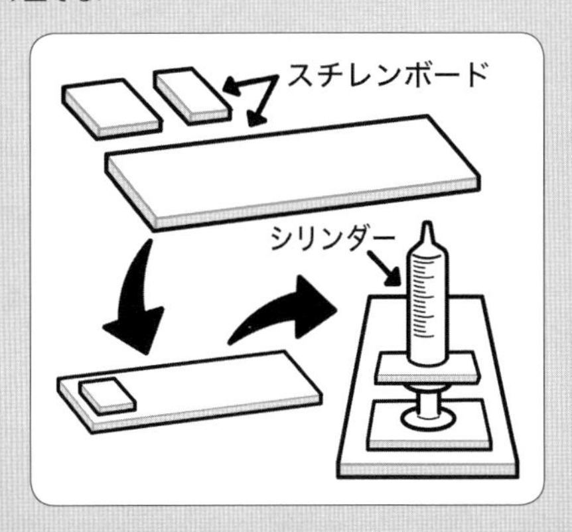

7. 続いて，試験管の上下運動を回転運動に変換するためのしくみを作製する．竹くしを 14 cm 程度に切ったものをシリンダー固定板に，両端がはみでるように固定する．

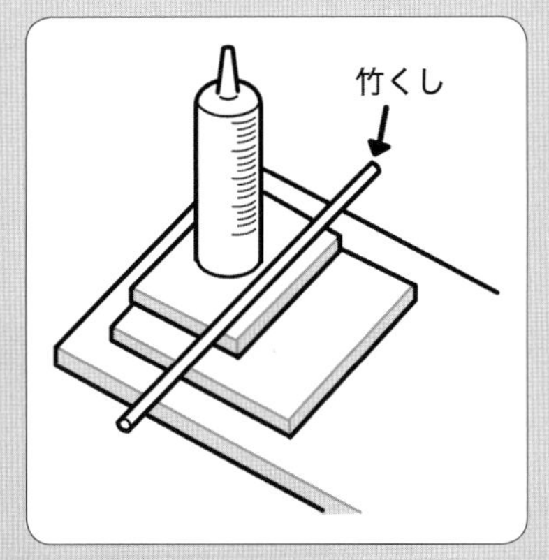

8. プラススチック段ボールを幅 7 cm に切ったものに，アルミ棒を通し，両端をペンチで曲げて，クランクシャフトを作る．
9. シリンダー板につけた竹くしの真下にクランクシャフトがくるようにプラスチック段ボールを固定する．

10. クランクシャフトのでっぱりと注射器の筒が一番下に降りている状態で竹くしとクランクシャフトを針金で結ぶ．このときあまりきつく結びすぎないように「遊び」をもたせる．

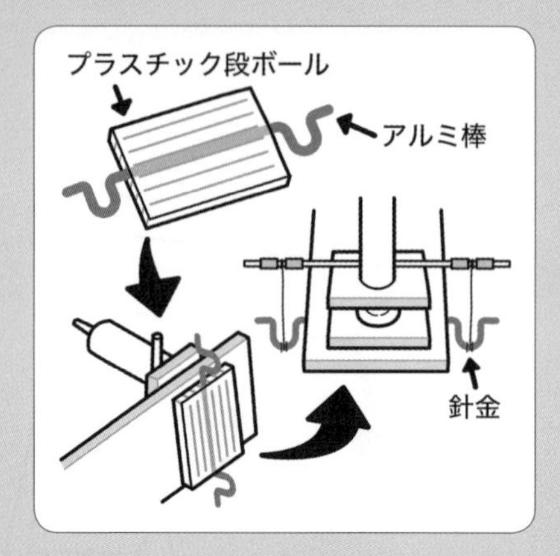

11. 針金がぬけないようビニールテープで養生する．
12. 試験管を取り付けたペットボトルタワーを車体板の中央に固定する．これでエンジンの取り付けが完了．
13. 燃料を搭載する台として，アルミ空缶を底から 10 cm 程度のところで切り，逆さにして車体の上に取り付ける．位置は試験管の底の真下にする．
14. 試験管の先とゴム栓につけたアルミ管をビニールチューブでつなぐ．ビー玉スターリングエンジンカーの完成．

実験

1. 実験を行う前に試験管の位置に気を付ける．ピストンをシリンダーに完全に押し込んだとき，試験管の口の方が下になるように試験管の角度を調節する．
2. 固形燃料をアルミ空缶の底上に乗せてから火をつける．

結果

火をつけてから 5 分程度までに，スターリングエンジンは始動する．

この実験からわかること

熱エネルギーを仕事に変換する効率はカルノーサイクルを超える事はできない．スターリングエンジンは，理想的にはカルノーサイクルと同じ熱効率を実現できるものである．熱効率がよいというだけでは，実社会では活用されない場合もある．技術開発には，社会との良い連接効果が必要であるということが理解できる．

めも

23 アンペールの法則

アンドレ=マリ・アンペール
(André-Marie Ampère, 1775 ~ 1836 年)

アンドレ=マリ・アンペールとは？

アンドレ=マリ・アンペール（以降，アンペール）は，フランス中南部のリヨン生まれの物理学者，数学者．アンペールの法則を発見し，電流の単位のアンペアはアンペールの名にあやかっている．

アンペールは，幼いころから優秀で，オイラーやベルヌーイの研究を学び，14 歳にしてディドロ，ダランベールの『百科全書』20 巻を読破した．H・C・エルステッドが電流が流れている電線の近くで方位磁針が振れることを発見したことを 1820 年 9 月 11 日に聞くやいなや，一週間後の 9 月 18 日にアンペールは磁針の振れる方向が電流の流れている方向に関係することを発見し，論文を提出している．アンペールはマルセイユで死去し，パリのモンマルトル墓地に埋葬された．

アンペールの法則の発見まで

古くから電気的現象と磁気的現象の間には，よく似た類似性がいわれていたが，電気的現象と磁気的現象をつなぐ現象はなかなか発見されなかった．

1820年4月21日，デンマークのエルステッドは，講義中に実験器具をいじっていて，電池のスイッチを入れたり切ったりすると，直線電線のそばに置いた方位磁針が振れることに気づいた．その後，研究を深め，電流の流れる導線の周囲に円形の磁場が形成されるという発見を公表した．この発見は，ヨーロッパ大陸をかけめぐり，それから数週間後に，ビオとサバールが，それぞれ単独に，電流とそのまわりにできる磁場について報告した．2人の結果を，後生の人々がまとめたものが**ビオ・サバールの法則**である．アンペールも**アンペールの法則**を発見することになる．

アンペールの法則って？

アンペールの法則は，「電流とそのまわりにできる磁場との関係を表す法則」である．閉じた経路にそって磁場の大きさを足し合わせると，足し合わせた結果は閉じた経路を貫く電流の和に比例する．磁場の足し合わせは線積分で行う．

アンペールは実験で2本の電流の間にはたらく力を観測し，そして実験結果をアンペールの法則にまとめた．この法則により，それまでに発見されていた電磁気の現象を説明した．

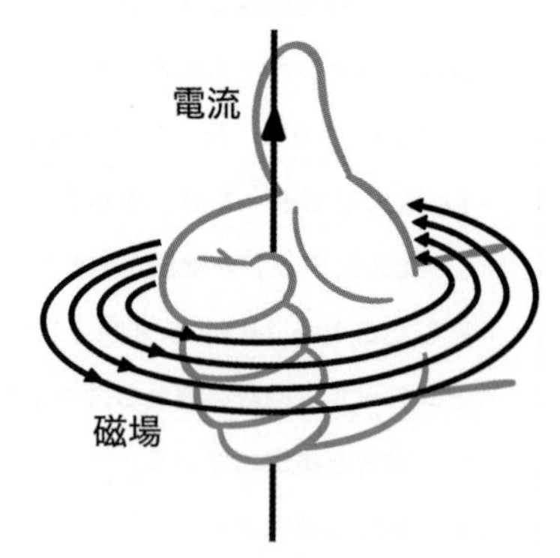

アンペールは，電流を流すと，電流の向きを右ネジの進む向きとして，右ネジの回る向きに磁場が生じることを発見した．右手の親指を立てて手を握ると，電流の向きを親指の向きとしたとき，残りの指の向きが磁場の向きになる．**右ねじの法則**とも呼ばれる．

アンペールの法則をわかりやすく整理し直すと，次のように説明できる．

無限に長い直線導線に電流Iを流すと，電流の回りには半径rの同心円上で右手の法則の向きに大きさHの磁場ができる．

$$2\pi rH = I$$

という関係が成り立つ．これを変形すると直線電流の磁場の公式，

$$H = \frac{I}{2\pi r}$$

となる．これはビオ・サバールの法則を積分したものと一致する．

Let's 再現！～実際に実験を行って確かめてみよう～

実験1 エルスティッドの実験の追試

分野 物理　レベル ☆☆

準備

水を入れる容器，水，磁石，発砲スチロール，導線，アルカリ乾電池かモバイルバッテリー，方位磁針，はさみ，両面テープ

工作

1. 磁石を，発泡スチロールではさむように両面テープでとめてぷかぷか磁石とする．
2. 容器に水をたっぷりとはり，ぷかぷか磁石を，容器の真ん中あたりに浮かべる．

実験

1. 方位磁針を置いて，ぷかぷか磁石を南北に向ける．
2. 導線を容器に上から橋渡しする．

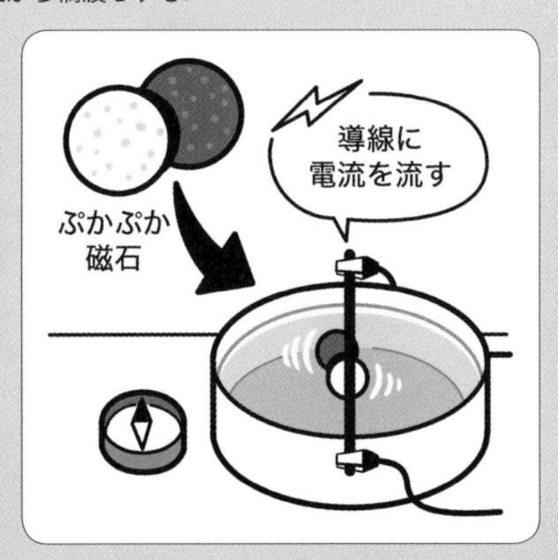

結果

導線に，電流を流すと，右手の法則の向きに，ぷかぷか磁石が触れる．

分野 物理　レベル ☆☆

右ねじの法則　～電磁石のN極～

準備

LANケーブル（3 m程度），ニッパ，ビニールテープ，はさみ，カッター，アルカリ乾電池数個かモバイルバッテリー，鉄粉（ひげ根状の方がうまくいく），方位磁石，ハリパネ，ペットボトル（500 mL），紙，両面テープ，発泡スチロール

工作

1. LANケーブルを3 m程度にニッパで切り，ケーブルの外側の被膜を4 cm程度はがし，内側の導線を出す．
2. ケーブルの反対側も同様にし，内側の導線の被覆もはがし，違う色同士の導線をつなぎ，すべての導線を一本につなぐ．これを**磁場可視化ケーブル**とする．

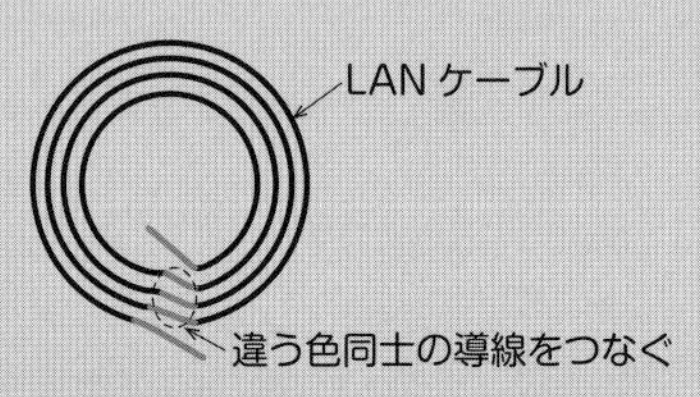

実験

1. ハリパネの真ん中に磁場可視化ケーブルを一直線状にして通して，そのまわりに鉄粉をまく．
2. 磁場可視化コイルにアルカリ乾電池かモバイルバッテリーつなぎ，ハリパネを，指でトントンと軽くたたく．
3. もう1枚のハリパネを用意し，方位磁針をならべる．

結果

導線をとりまくように同心円状に砂鉄が配置し，磁場のイメージが可視化できる．

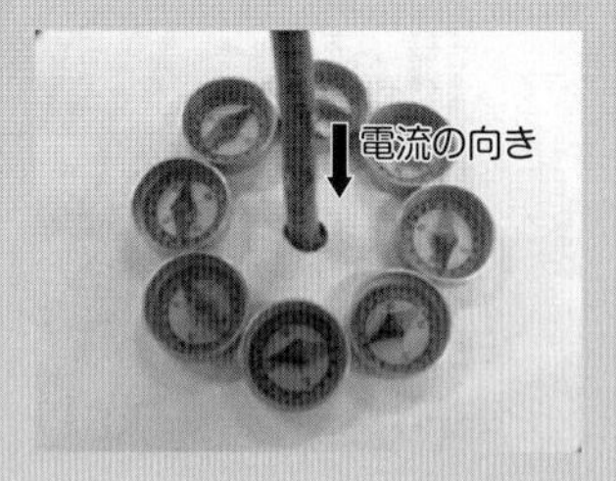

分野 物理　レベル ☆☆

円電流の磁場

準備

磁場可視化ケーブル，ハリパネ，ひげ根状の鉄粉，穴あけ，バッテリー

実験

1. ハリパネに2か所，穴をあけて磁場可視化ケーブルを円環の形状になるように通し，電流を流す．

結果

円環状のケーブルの中心に円の中心を貫くように磁場が構成されたことがイメージできる．

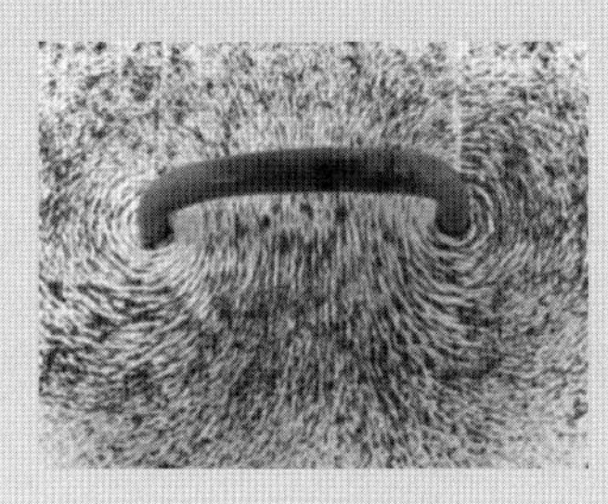

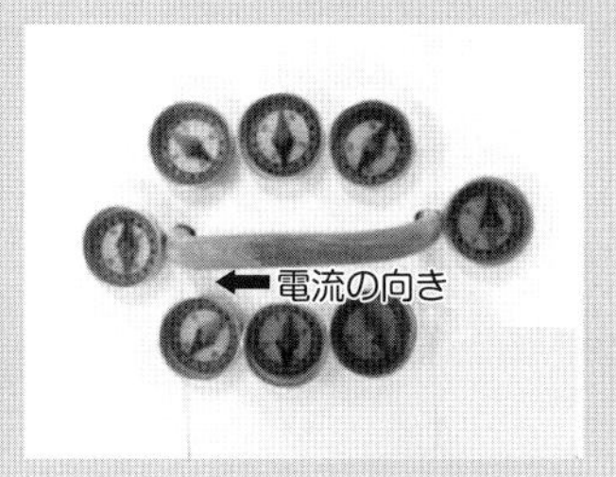

実験 4

分野 物理　レベル ☆☆☆

ソレノイドの磁場

準備

磁場可視化ケーブル，ハリパネ，ひげ根状の鉄粉，カッターナイフ，バッテリー

実験

1. ハリパネをⒷのように櫛状に加工し，磁場可視化ケーブルがソレノイドを構成するように配置し，電流を流す．

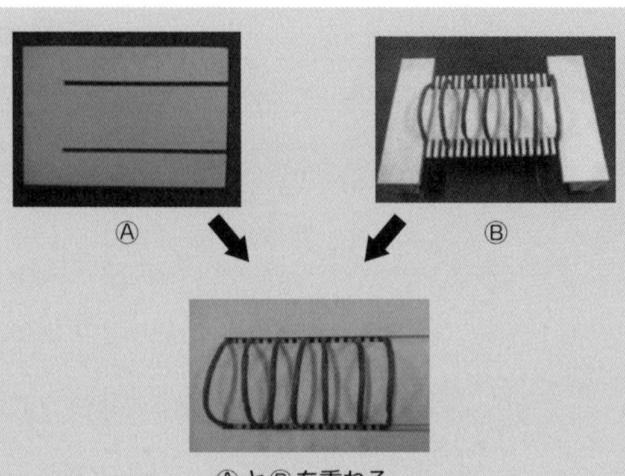

ⒶとⒷを重ねる

結果

　ソレノイドの中心を貫くように，内部には平行な磁場ができ，ソレノイドの外部では，棒磁石のまわりにまいた砂鉄のようなイメージに磁場がつくられていることがわかる.

解説

　磁場は目にみえないので，イメージしやすいように磁力線のようなもので可視化してみると理解しやすくなる.

この実験からわかること

　電流が磁場を生み出していることが理解できる．また，それは**アンペールの法則**を適応すると理解しやすい．

オームの法則

ゲオルク・ジーモン・オーム
(Georg Simon Ohm, 1789 ~ 1854 年)

ゲオルク・ジーモン・オームとは？

ゲオルク・ジーモン・オーム（以降，オーム）は，ドイツの物理学者．弟のマルティンも数学者として名をなした．1817 年 9 月 11 日から，物理実験器材が豊富に揃ったケルンのギムナジウムで働き始めた．1827 年に『数学的に取り扱ったガルバーニ回路』を出版し，その中で『回路を流れる電流の大きさは電圧に比例する』というオームの法則を発表した．これにより，1841 年にロイヤル・ソサエティからコプリー・メダルを贈られ，翌 1842 年外国人会員となる．1852 年に 60 歳を過ぎてミュンヘン大学の実験物理の教授となった．

オームは，独自に装置を製作し，導体にかかる電位差と流れる電流が正比例することを発見した（オームの法則：Ohm's law）．

オームの法則の発見まで？

当時ボルタが発明したボルタ電池について研究を行った．独自に装置を製作し，やがて，オームの法則の発見にいたる．

なお，電流と電位差が比例するという，いわゆる，オームの法則を最初に発見したのは1781年ヘンリー・キャヴェンディッシュである．しかし，キャヴェンディッシュはその発見を存命中に公表せず，その業績は，マクスウェルがその遺稿を纏めた『ヘンリー・キャヴェンディシュ電気学論文集』を出版した死後数十年のちの1879年のことである．

オームの法則って？

オームの法則は，1827年にドイツの物理学者であるオームによって独自に発見された．電気回路の部分に流れる電流Iとその両端の電位差Vは正比例をし，$V = RI$となるというものである．比例係数Rは導体の材質，形状，温度などによって定まり，電気抵抗（electric resistance）あるいは単に抵抗（resistance）と呼ばれる．電流の単位にアンペア（記号：A）を，電位差の単位にボルト（記号：V）を用いたときの電気抵抗の単位はオーム（記号：Ω）が用いられる．

Let's 再現！～実際に実験を行って確かめてみよう～

実験 1　分野 物理　レベル ☆

100Ωの抵抗に電池をつないで実験しよう

準備

テスター（1台），100 Ωの抵抗，乾電池（数個），ネオジム磁石（数個）

実験

1. 乾電池をネオジムでつなぐと，電池を直列につなぐことができる．テスターと100 Ωの抵抗を直列につなぎ，これに電池を1個，2個，3個，・・・とつなげる．

2. 乾電池は1個1.5 Vとして計算し，2個3 V，3個4.5 V，4個6 Vとしてグラフを描いてみる．

結果

オームの法則の $V = RI$ が示された．

V(V)	1.5	3.0	4.5	6.0
I(A)	0.015	0.030	0.045	0.060

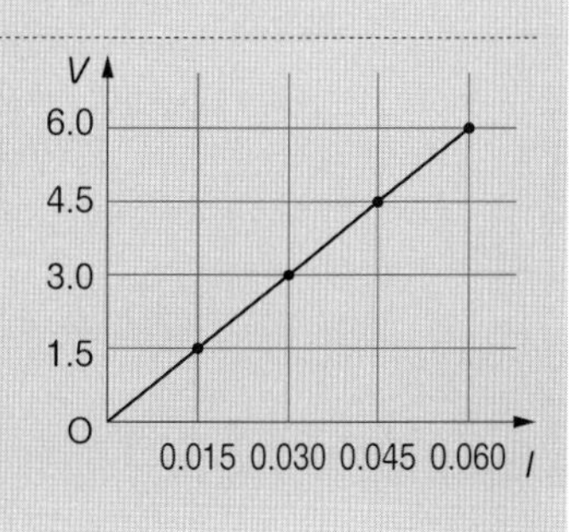

実験 ❷ 分野 物理　レベル ☆

100Ωの抵抗を何本か直列につないでみよう

準備

テスター（1台），100 Ωの抵抗（5個）

実験

1. 100 Ωの抵抗を，1個，2個，3個，4個，5個と，直列につないでみる．

結果

直列接続では，n 個つないだ場合は，グラフより，

$$R_n = R \times n = nR$$

となる．

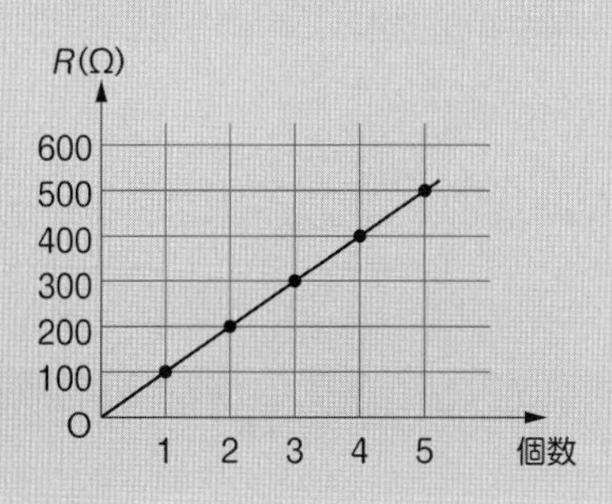

解説

グラフから,

$$100\,\Omega \times 5 = 100\,\Omega \times (3 + 2)$$
$$= 100\,\Omega \times 3 + 100\,\Omega \times 2$$
$$= 300\,\Omega + 200\,\Omega$$

という計算も成立している．$R = 500\,\Omega$，$R_1 = 300\,\Omega$，$R_2 = 200\,\Omega$とすることができるので,

$$R = R_1 + R_2$$

とも書け，一般に直列接続をするときの合成抵抗は，つないだ抵抗の和となることが確認できる.

$$R_n = R_1 + R_2 + \cdots = \sum_{n=1}^{i} R_i$$

実験 3　分野 物理　レベル ☆

100Ωの抵抗を何本か並列につないでみよう

準備

テスター（1 台），100 Ωの抵抗（5 個）

実験

1. 100 Ωの抵抗を 1 個，2 個，3 個，4 個，5 個と，並列につないでみる.

結果

直列接続では，n 個つないだ場合は，グラフより,

$$\frac{1}{R_n} = \frac{1}{R} + \frac{1}{R} + \frac{1}{R} + \cdots \frac{1}{R} = \frac{n}{R}$$

$$R_n = \frac{R}{n}$$

となる.

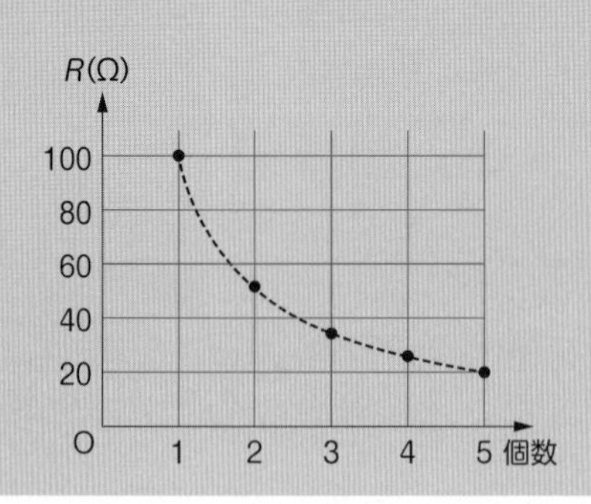

解説

グラフから，

2 個並列にすると，$\frac{100}{2}=50\ \Omega$である．また，4 個並列にすると，$\frac{100}{4}=25\ \Omega$である．

ここで，2 個並列にしたものを一組として 2 組の並列を組んでみると，

$$\frac{1}{R_4}=\frac{1}{50}+\frac{1}{50}=\frac{2}{50}=\frac{1}{25}$$ ゆえに，25 Ωとなる．

また，2 個並列にしたものを一組とし，3 個並列にしたものを一組としたもので並列接続をしてみると，

$$\frac{1}{R_5}=\frac{1}{50}+\frac{1}{34}=\frac{1}{\frac{100}{2}}+\frac{1}{\frac{100}{3}}=\frac{2}{100}+\frac{3}{100}=\frac{5}{100}=\frac{1}{20}$$

$R_5=20\ \Omega$となり，

$$\frac{1}{R_n}=\frac{1}{R_1}+\frac{1}{R_2}$$

とも書け，一般に，並列接続をするときの合成抵抗の逆数は，つないだ抵抗の逆数の和となることが確認できる．

$$\frac{1}{R_n}=\frac{1}{R_1}+\frac{1}{R_2}+\cdots=\sum_{n=1}^{i}\frac{1}{R_i}$$

この実験からわかること

オームの法則は，　$V=RI$

直接接続の合成抵抗は，$R_n=R_1+R_2+\cdots=\sum_{n=1}^{i}R_i$

並列接続の合成抵抗は，$\frac{1}{R_n}=\frac{1}{R_1}+\frac{1}{R_2}+\cdots=\sum_{n=1}^{i}\frac{1}{R_i}$

めも

25 ファラデーの電磁誘導の法則

マイケル・ファラデー
(Michael Faraday, 1791 ～ 1867 年)

マイケル・ファラデーとは？

マイケル・ファラデー（以降，ファラデー）は，英の化学者・物理学者．学校にはほとんど通えず，14 歳で製本業と書店に年季奉公に入った．多数の本を読むうちに科学への興味が強まり，特に電気に興味を持つようになった．1812 年，20 歳となったファラデーは，ハンフリー・デービーの講演を何度も聴講した．デービーの講演のノートをデービーに送り好意的な返事をもらった．その後，王立研究所の化学助手となった．

1820 年 4 月 21 日に，エルステッドが，電気と磁気の関係を示す現象を発見したのを聞き，11 年後の 1831 年 8 月 29 日，電磁誘導を発見した．

ファラデーの電磁誘導の法則の発見まで

エルステッドは，電気と磁気の直接的関係を示す最初の証拠を，講義中に偶然みつけた．電池のスイッチを入れたり切ったりするとそばに置いた方位磁針が北でない方角を指した．電流の流れる導線の周囲に円形の磁場が形成されることを発表した．

エルステッドの発見は，当時，旅行で来ていたアラゴがパリで報告したので，たちまち人々の注目をあび，それから数週間後に，ビオとサバールが，それぞれ単独に電流とそのまわりにできる磁場について報告した．2人の結果を，後生の人々がまとめたものがビオ・サバールの法則である．また，アンペールは，エルステッドが電流の流れている電線の近くで方位磁針が振れることを発見したことを1820年9月11日に耳にすると，一週間後の9月18日，磁針の振れる向きが電流の流れる向きに関係することを発見し，論文としてまとめ，アカデミーに提出した．このように，電流の磁気作用が確認されたので，ファラデーは磁気が電流を作るのではないかと考え，実験にはげんだ．そこから11年後の1831年8月29日に電磁誘導の法則を発見した．

ファラデーの電磁誘導の法則って？

導線ABが，磁場の中を右向きに速度vで移動しているとする．すると，自由電子$-e$は，磁場からローレンツ力f_Bを受けて，Bの側に多く集まることになり，BはAよりも低電圧となる．

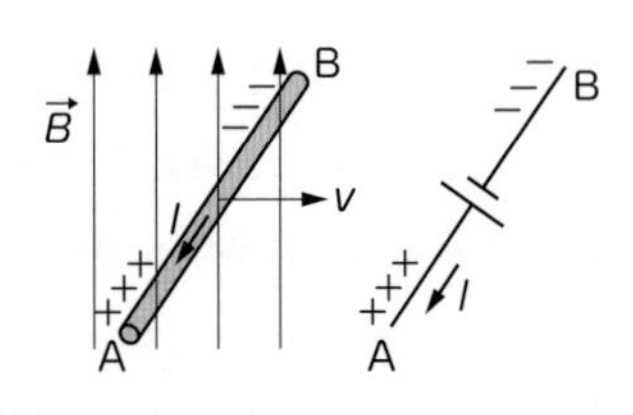

導線ABの内部には，電子がB側に多く集まったために，電場が生じる．生じた電場をEとすると，電子はBからAの向きに電場からの力f_Eを受けることになる．

最初，導線ABには，電子の偏りがなく電場は生じていなかったが，導線ABが右向きに速度vで移動することにより，導線内部の電場の強さは無限に大きくなるのではなく，やがて定常な状態になる．それは，導線内部の電場から受ける力と，外部の磁場から受ける力がつりあう，$f_E = f_B$となったところである．

$$F = eE = evB \qquad \therefore \quad E = vB$$

が成り立つとき，導線の長さを L とすると，導線の両端には，

$$V = EL = vBL$$

の電位差が生じていることになる．したがって，図のようなコイル ABCD を考えると，電流は，A → D → C → B → A の向きに流れる．

ところで，コイル ABCD において，導線 AB が，dt 間に移動する距離 x は $x = vdt$ なので，dt に導線 AB が描く面積 dS は，

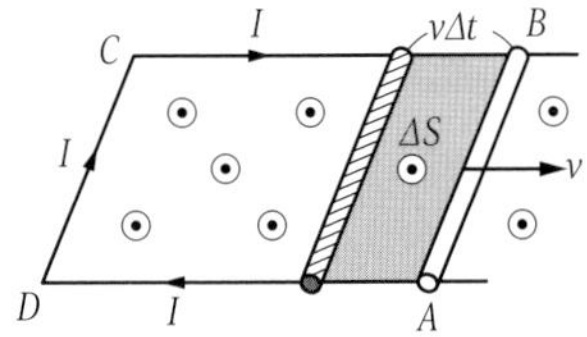

$$dS = xL = vdt \cdot L$$

となり，dt 間の磁束の変化 $d\Phi$ は，

$$d\Phi = BdS = Bvdt \cdot L$$

である．したがって，1 秒あたりの磁束の変化は，

$$\frac{d\Phi}{dt} = \frac{Bvdt \cdot L}{dt} = vBL$$

となるので，導線誘導される起電力は，1 秒間に導線が横切る磁束に等しく，その大きさ V は，$V = vBL$ であることがわかる．

また，磁束密度 B に対して，右ねじの法則を満たすような向きを正とすると，誘導起電力の向きは負であるから，誘導起電力は向きも示して，

$$V = -\frac{d\Phi}{dt}$$

と書ける．これを，**ファラデーの電磁誘導の法則**という．

誘導電流によって，生じる磁場の向きは，導線の移動のために生じる磁束の変化を妨げる向きであるから，誘導電流は，磁束の変化を妨げる向きに流れるといってもよい．これを**レンツの法則**という．

ところで，磁束の変化は，磁束密度 B が一定の場合には，

$$d\Phi = B(vdt \cdot L) = BdS \quad |V| = \frac{d\Phi}{dt} = B\frac{ds}{dt}$$

と理解したが，面積 S が一定の場合には，どう理解するとよいだろうか．その場合には，面積一定のコイルの内部を貫く磁束が変化したと考えるとよい．

コイルの巻数が N である場合，生じる誘導起電力は，各 1 巻のコイルに生じる起電力が直列に連なったのと同様であるから，

$$V = -N\frac{d\Phi}{dt}$$

となる．

Let's 再現！～実際に実験を行って確かめてみよう～

実験 1

分野 物理　レベル ☆☆

シャカシャカ振るフルライトを作ってみよう

準備

エナメル線（0.2 mm でも 0.4 mm でもよい，1000 回巻き（600 回巻き以上程度からできる）），直径 13 mm 程度のネオジム磁石（4 個），タピオカストロー，炭酸系 500 mL ペットボトル（1 本），アルミテープ，はさみ，大玉 LED，布ヤスリ，スポンジなどの緩衝材，両面テープ

工作

1. タピオカストローに，スポンジで鍔（つば）を作り，これにエナメル線を 1000 回程度巻く．

2. エナメル線の両端のエナメルをはがす．
3. LED の脚は折れやすいので，サポーターとしてスポンジを 1.5 cm 角程度に切り，これに両面テープを用いて貼り付ける．
4. その後，ペットボトルのキャップに 2 穴をあけて，この穴に LED の脚を通す．

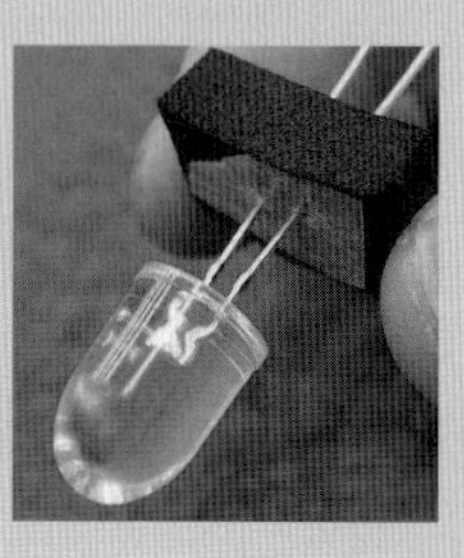

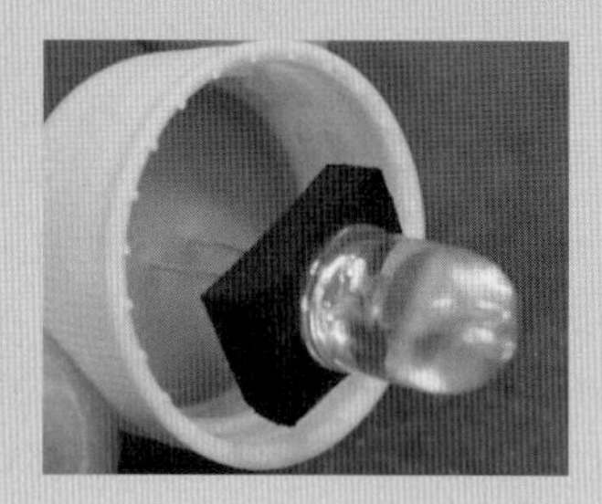

5. 通した脚の裏側にもスポンジをつけてから，エナメル線を LED の脚にしっかりと絡ませ，脚を折り曲げてエナメル線が抜けいないように固定する．

6. タピオカストローの片側をスポンジでふたをし，ふたがはずれないようにセロハンテープでしっかり固定する．
7. ネオジム磁石を 4 枚重ねて，タピオカストローの中に入れ，実際にふって LED の点灯を確認し，確認後，タピオカストローのまだ空いている側の穴もスポンジでふたをして，セロハンテープでしっかりと固定する．
8. ペットボトルの口の側を図のように切り取り，反射鏡になるようにアルミシールを貼る．
9. キャップをペットボトルにねじって合体させ，完成．

実験

1. シャカシャカ振るフルライトを振ってみる．

結果

LED が光る．

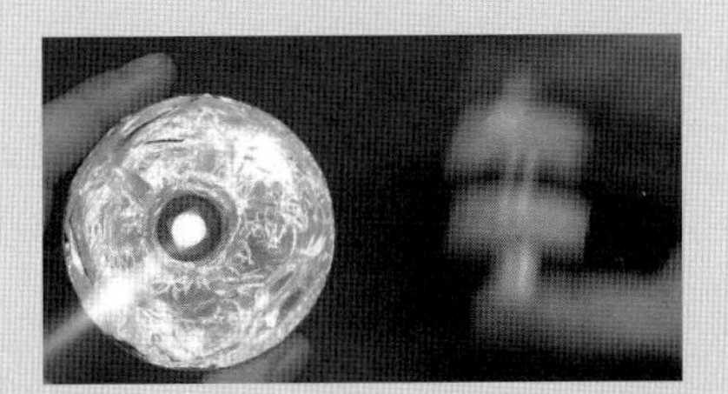

解説

まさに，ファラデーが，中空のコイルに磁石を差し込んだり引き抜いたりして発電を確認したのと同じ方法での発電である．科学技術の進化により，磁石はネオジム磁石を用いることができるようなり，発電パワーも上がった．また，大玉白色 LED により，小さな電力でもより明るく点灯するようになり，暗闇でもこのライトで十分に明るく実用に耐えるものとなった．

この実験からわかること

コイルの近傍で磁場の変化を起こすと，コイルに電磁誘導が生じ，誘導電流が流れることが理解できる．

ファラデーの電気分解の法則

マイケル・ファラデー
(Michael Faraday, 1791 ~ 1867 年)

マイケル・ファラデーとは？（前項も参照）

ファラデーの初期の化学の業績は，デービーの助手としてのものである．ファラデーは化学の幅広い分野で活動し，1823 年に塩素の液化に成功し，1825 年にはベンゼンを発見している．気体の液化は気体が単に沸点の低い液体の蒸気に過ぎないという認識の確立に役立ち，分子凝集の概念により確かな基盤を与えることになった．1820 年，炭素と塩素で構成される化学物質 C_2Cl_6 と C_2Cl_4 を初めて合成したとし，翌年公表した．1833 年には電気分解の法則を，1847 年には金コロイドの光学特性が金塊のそれと異なることを発見した．これは量子サイズの現象の最初の観察報告と見られ，ナノ科学の誕生ともいえる．

電気分解の法則の発見まで

18世紀末にボルタによってボルタ電池が発明されると，化学反応の研究に電気の利用が始まった．1800年にはアンソニー・カーライルとウィリアム・ニコルソンが初めて水の電気分解に成功した．ハンフリー・デービーは，水の電気分解に刺激され，1806年に「結合の電気化学的仮説」を発表した．翌1807年には，水酸化カリウムの電気分解によってカリウム単体を得ることに成功した．さらにデービーは同じ手法でナトリウム，カルシウム，ストロンチウム，バリウム，マグネシウムを次々と発見した．これにより，元素の周期表の各元素の単体が得られていくことなる．

デービーの研究を引き継いだファラデーは，電気分解の研究を継続し，1833年にファラデーの電気分解の法則を発見した．

電気分解の法則の原理って？

ファラデーの電気分解の法則は，ファラデーが1833年に発見した電解質溶液中の電気分解に関する法則で，第1法則と第2法則がある．

第1法則は，析出（電気分解）された物質の量は，流れた電気量に比例するというものである．電流をI(A)，時間をt(s)，電気量をQ(C)，電気化学当量（比例定数）をKとすると，析出量wは，

$$w = KIt = KQ$$

となる．

また第2法則は，電気化学当量は化学当量に等しく，同じものであるというものである．物質量をn(mol)，質量をm(g)，分子量をM(g/mol)，電流をI(A)，t(s)，イオン価数をz，ファラデー定数を$F = 96500$ C/molとすると，

$$n = m/M = It/zF$$

となる．1グラム当りの等量の物質を析出させるのに必要な電気量は，物質の種類によらず一定であることを示している．

Let's 再現！～実際に実験を行って確かめてみよう～

実験 1

分野 化学　**レベル** ☆☆

鉛筆の芯で水の電気分解

準備

フイルムケースなどのケース，手回し発電機（なければ充電器や006P（9Vの乾電池）），鉛筆の芯，身近なドリンクやコーヒーゼリーなど（食塩やスポーツドリンクでは，電気分解の際，酸素ではなく塩素がでるので使わない）

★発展実験用に…

電子メロディ，LED，模型モーター

実験

1. フイルムケースなどのふたに穴を二つあけ，鉛筆の太い芯を1本ずつ穴にさす．このときの鉛筆の芯は，ショートしないように，お互いの芯が触れないようにする．
2. 溶液を入れるケースに約半分程度，電解液としてコーヒーや紅茶やお茶など身近なドリンクを入れ，ふたをしめる．なおドリンクは，80℃程度の高温の方がよい．
3. 電極に，外部から電源をつないで電気分解を約1分間行う．

結果

電極のまわりに大量の泡が発生する．一方が酸素，他方が水素である．

$2H_2O \rightarrow 2H_2 + O_2$

コラム

◇ **発展実験**

この実験では，電気二重層が形成されているので，電極の＋と－を間違えないようにして，電子メロディをつないでみると，すてきなメロディを聞くことができる．電子メロディは，この電気分解後のケース1個で鳴る．また，LEDは2個直列で点灯する．LEDの点灯には約2V必要で，2個直列に接続する必要がある．モーターは，2個直列にしたものを並列につないで，合計4個あれば回る．モーターだけを搭載した模型自動車は，6個を2直列3並列につなぐと走らせることができる．

分野 化学　レベル ☆☆

竹炭電極で水の電気分解

準備

フイルムケースなどのケース，手回し発電機（なければ充電器や006P（9 Vの乾電池）），竹串を蒸し焼きにした竹炭や幅の広い竹材を蒸し焼きにした竹炭，コーヒーゼリーや高分子吸収剤など，コーヒーの粉，紫イモの粉

★発展実験用に…

電子メロディ，LED，模型モーター

実験

1. 2枚の竹炭の間に絶縁材をはさみ輪ゴムなどで固定する．これをケースに入れる．

2. ケースの半分くらいに電解液や電解ゲルとしてコーヒーゼリーや高分子吸収剤にコーヒーの粉を混ぜたものを入れる．これで完成．
3. 電源をつないで電気分解を行う．

結果

電極から，泡が発生するのがみられる．水素と酸素である．

紫イモ粉を高分子吸収剤に混ぜ，水を含ませたものの場合は，電気分解によって，

＋極：$2H_2O \rightarrow 4H^+ + 4e^- + O_2\uparrow$

－極：$4H_2O + 4e^- \rightarrow 4OH^- + 2H_2\uparrow$

と反応し，pHの変化が生じる．＋極では酸性を示すH^+が発生したため赤色に，－極では塩基性を示すOH^-が発生したため緑色に変色したことがわかる．

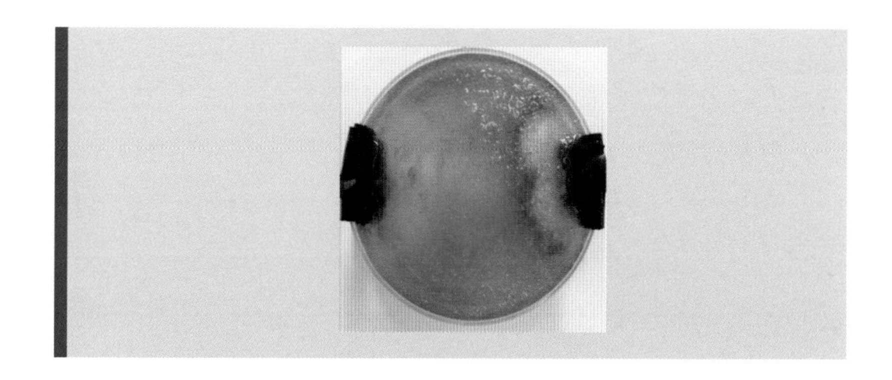

コラム

◇ **発展実験**

電極の＋と－を間違えないように LED やモーターなどをつないでみる．電気分解後だと，1 個でもモーターも回り，模型自動車を走らせることができるが，LED は 2 個直列でないと点灯しないことがわかる．

この実験からわかること

水だけを電気分解しようとしても，9 V 程度以上の電圧をかけないと電気分解が始まらないが，電解質を加えると，5 V 程度からでも電気分解が可能となることがわかる．

めも

27 ジュールの法則からエネルギー保存則まで

ジェームズ・プレスコット・ジュール
(James Prescott Joule, 1818 ～ 1889 年)

ジェームズ・プレスコット・ジュールとは？

ジェームズ・プレスコット・ジュール（以降，ジュール）は，イギリスの物理学者である．マンチェスター近郊の裕福な醸造家の次男として生まれた．生涯，大学などの研究職に就くことなく，家業の醸造業を営むかたわら研究を行った．ジュールの法則を発見し，熱の仕事当量の値を明らかにするなど，熱力学の発展に貢献した．熱量の単位ジュールに，その名をとどめる．

病弱なたため，正規の学校教育は全く受けず，自宅にて家庭教師について学習を行った．原子論で有名なジョン・ドルトンも家庭教師の 1 人だった．成人後は，家業の醸造業を営むかたわら，自宅の一室を改造した研究室で実験を行った．

ジュールの法則って？

ジュールは，電流に関心をもち，電気エネルギーが熱に変わることに注目した．ジュールは，ボルタ電池を使って，水に入れた導線に電流を流し，水温上昇を測定する実験を行った．結果，電流によって発生する熱量 Q は，流した電流 I の 2 乗と，導体の電気抵抗 R に比例することを発見した（$Q=RI^2$）．この結果を英国王立協会に発表した（1840 年）．また，『フィロソフィカル・マガジン』誌に論文を発表し，それは**ジュールの法則**とよばれている．

エネルギー保存の法則って？

ボルタ電池の利用で，確かにジュールの法則に則った熱が得られるが，この熱はどこから来るのかという問題があった．当時は，熱は物質であるとする**カロリック説**と，運動であるとする**熱運動説**の 2 説があった．

ジュールは，1845 年以降，おもりの重さで水中の羽根車を回し，その運動による水温上昇を測定するという実験を行い発表したが，2 度目の発表（1847 年）の際には，司会から手短に済ませるように注意を受けた．しかし，発表を終えたとき，ウィリアム・トムソンが立ち上がり，内容に興味をもったと発言し，これを縁にジュールはトムソンと親交を深めるようになった．1849 年に行った羽根車の実験は，マイケル・ファラデーの紹介のもと王立学会で発表され，翌年にはジュールは王立協会の会員となった．

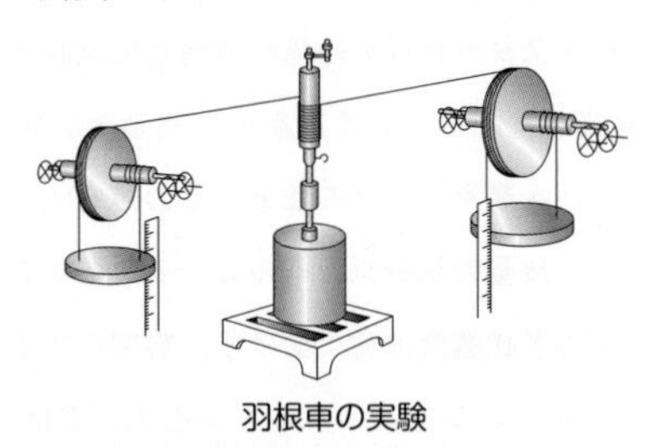

羽根車の実験

Let's 再現！～実際に実験を行って確かめてみよう～

電気パンは古くから有名で，理科実験でもよく行われてきた．しかしその場合，ステンレス板を使って行われていたため，焼きあがった電気パンが緑色などに着色してしまいクロムやニッケルなどの金属がでてきているという問題があった．いろいろな実験書では，その部分を取り除いて食べるように注意書きがあるが，本書では鉄板を用いて安全な実験を紹介したい．

実験 1 **分野** 物理・化学　**レベル** ☆☆

電気パンを作ってみよう

準備

牛乳パックや工作用紙など，鉄板（100円ショップの魚焼きの底など），テスター，導線，バインダークリップ，ホットケーキ・ミックス（40 g），水（40 mL），紫イモ粉，レモン，はさみ，ゼムクリップ

工作

1. 牛乳パックなどの底側の下半分ほどを残し，高さ12 cm程度の容器とする（工作用紙を用いて作成してもよい）．
2. 100円ショップなどの鉄製の魚焼きなどをガスコンロで焼いて鉄板などにコーティングしてあるものを十分に焼きとる．これにより，もともと薄い鉄板であるが，はさみでさらに切りやすくなる．
3. 焼いた鉄板を牛乳パックにあわせて，はさみで6.5 × 12 cm程度に切り取り，電極とする．
4. 鉄板同士を向かい合わせて，クリップで容器の側面にしっかりとめる．
5. 電気のコードをコンセントを残して切り，コードの先のビニール被覆をむいて，ゼムクリップを取り付ける．
6. ホットケーキ・ミックス40 gを水40 mLでとき，容器に入れる．
7. 電気パン焼き機本体と直列になるように，テスター（電流計として使う）をつなぐ．

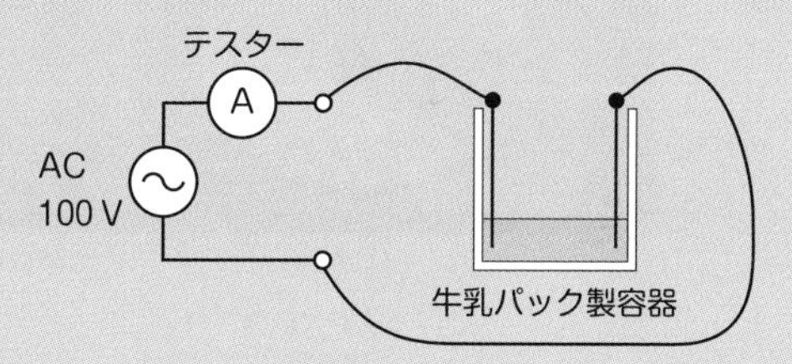

実験

1. 電気パン焼き機の100 Vコンセントを家庭用の100 Vのコンセントに差し込む．
2. テスター（電流計）を流れる電流が0となるまで焼き続ける．

結果

ホットケーキ・ミックスが液体の間は，これが電解液となって電流が流れ，ジュール熱が発生し，電気パンがスポンジ状に焼きあがる．ホットケーキ・ミックスから，

二酸化炭素および水蒸気が発生し，これにより電気パンはスポンジ状になる．電気パンが焼けて，水分が沸騰し蒸発してしまい，電解液中の水分がなくなると電流が流れなくなり，これで，電気パンの焼きあがりとなる．

解説

電極の間のホットケーキ・ミックスが電解液となり電流が流れる．その抵抗のためジュール熱が発生し，ホットケーキ・ミックスはほとんど沸騰し，水蒸気が発生する．ホットケーキ・ミックスが液体である間は通電するが，焼けて固体になると電流が流れなくなる．そして，ジュール熱の発生もとまり，温度が冷えていく．

ホットケーキ・ミックスには重曹，すなわち炭酸水素ナトリウム（$NaHCO_3$）が含まれており，加熱すると炭酸ナトリウムと水および二酸化炭素に分解する．

$$2NaHCO_3 \rightarrow Na_2CO_3 + H_2O\uparrow + CO_2\uparrow$$

水は水蒸気になるとき 1700 倍に膨張する．また二酸化炭素が発生し，パン生地をやわらかく膨らませることになる．

ちなみに，このときできた炭酸ナトリウムは強塩基である．そこで，ホットケーキ・ミックスに，紫イモの粉を入れておくと，草色に焼きあがる．炭酸ナトリウムによるアルカリ性の呈色反応がみられたことになる．

焼きあがった紫イモ入り電気パンの生地にレモンの汁をかけると，ピンク色に変色する．これは，酸性となったことを示す．

この実験からわかること

導体に電流を流すと，ジュール熱を発生する．電解質水溶液は導体とみなせるが，水分がなくなると絶縁体となり，ジュール熱の発生はストップすることが理解できる．

28 チンダル現象

ジョン・ティンダル
(John Tyndall, 1820 ~ 1893 年)

ジョン・ティンダル（またはジョン・チンダル）とは？

ジョン・ティンダル（以降，チンダル）は，アイルランド出身の物理学者，登山家である．赤外線放射（温室効果），反磁性体の研究を行った．1824 年にジョゼフ・フーリエは，地球大気の温室効果を理論的に予測していたが，1865 年にチンダルはこれを実験的に確かめた．二酸化炭素のほかに水蒸気の温室効果も確認している．フーリエの死後 30 年のことであった．チンダルの報告の 30 年後にあたる 1896 年に，氷河期がなぜ存在したのかをも研究したスヴァンテ・アレニウスが，二酸化炭素と温室効果との関連性について報告している．

チンダルの登山の目的は，物理学者としてアルプスの氷河を研究することであったとのことであった．

チンダル現象の発見まで

太陽が雲に隠れているときに雲の切れ間あるいは端から光が漏れ，光線の柱が放射状に地上へ降り注いで見える薄明光線は身近な**チンダル現象**の一種である．逆に，雲の切れ間から上空に向かって光が出ることもある．おもに，地上から見た太陽の角度が低くなる早朝や夕方に見られる．ヤコブの梯子，天使の梯子，光芒，木漏れ日，レンブラント光線などと呼ばれ，写真愛好家の間では人気が高い．

ヤコブの梯子，天使の梯子という名称は，旧約聖書創世記 28 章 12 節に由来する．ヤコブが夢の中で，雲の切れ間から差す光のような梯子が天から地上に伸び，そこを天使が上り下りしている光景を見たとされることによる．レンブラント光線という名称は，レンブラント・ファン・レインがこれを好んで描いたことに由来する．彼の絵画は，光の当たる部分と闇の部分とのコントラストが強調され非日常的な雰囲気や宗教的な神々しさを表現することに成功した． 宮沢賢治はこの現象を「光のパイプオルガン」と表現している．

ヤコブの梯子，天使の梯子

ガラリアの海の嵐

チンダル現象の原理って？

チンダル現象とは，コロイド粒子に光線を通すと，光が散乱され，光の通路が光って見える現象である．1861 年，スコットランドのトーマス・グレアムは，水中でデンプンやタンパク質などの粒子の拡散速度が遅いことを発見し，これをコロイドと名づけた．コロイド粒子は，直径が大体 1 nm（10^{-9} m）～ 100 nm 程度の微粒子をいう．コロイドの分散系に光を通したときに，チンダル現象がみられるのは，光が主に**ミー散乱**によって散乱されるからである．

ミー散乱は，光の波長程度以上の大きさの球形の粒子に対する光の散乱である．散乱の強度は，波長に依存しない．粒子のサイズが大きくなるにつれて，前方への散乱が強くなり，後方や側方への散乱は減る．例えば，雲を構成する雲粒の半径は，数 10 μm 程度の大きさなので，太陽光の可視光線の波長に対してミー散乱の領域となり，可視域の太陽放射がどの波長域でもほぼ同程度に散乱され白っぽく見える．光の波長の 1/10 以下になると光の波長に依存する**レイリー散乱**が適用され，空が青かったり，夕焼けが赤くみえることを，レイリー散乱により説明することができる．

Let's 再現！～実際に実験を行って確かめてみよう～

実験 1　ほこりの部屋に光線を入射させてみよう

分野 物理　**レベル** ☆

準備

黒板消し，チョーク，線香の煙，段ボール箱，黒紙，のり，ラップ（またはポリ袋），レーザーポインター，マスク，実験めがね

工作

1. 段ボールの内側に黒紙を貼る．
2. 一面だけを内部が観察できるように開け，その一面はとびら状にしてラップまたはポリ袋で封じれるようにする．
3. 段ボールの観察面の横側に，光を取り込めるように小さい穴をあける．

実験

1. マスクと実験めがねを装着してから，黒板に文字を書いて，黒板消しで消す．この黒板消しを製作した箱の中でポンポンはたいて煙状にし，ラップまたはポリ袋で封じる．
2. この煙状のものにレーザー光線を当てる（線香の煙で実験してもよい）．

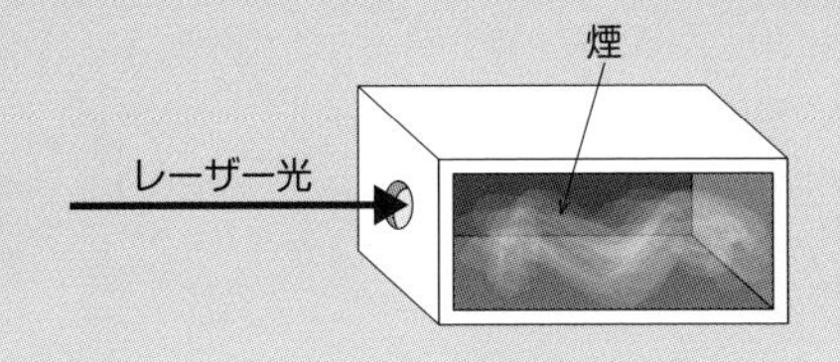

結果

レーザー光線の通り道が，横から観察できる．

実験 ② 分野 物理　レベル ☆

コロイド溶液を作って光線を入射させてみよう

準備

水槽（ビーカーや炭酸ペットボトルでもよい，横から観察しやすい容器なら何でもよい），水，牛乳，石鹸，レーザーポインター，実験めがね

実験

1. 実験めがねを装着してから，水に牛乳を数的落として混ぜてみると，コロイド溶液ができる．
2. このコロイド溶液に，レーザー光線を当てる．
3. 牛乳の代わりに，石鹸水をつくってレーザー光線を当てる．

結果

レーザー光線の通り道が，横から観察できる．

実験 3

分野 物理・化学　**レベル** ☆☆

液体でも気体でもないゼラチンに光線を入射させてみよう

準備

ゼラチン，透明なゼリー容器，水，レーザーポインター，実験めがね

実験

1. ゼラチンを25℃以上のぬるま湯で溶かす．
2. 透明なゼリー容器に入れ，冷やして固める．
3. 固まったゼラチンにレーザー光線を当てる．

結果

レーザー光線の通り道が，横から観察できる．

この実験からわかること

粒子の大きさにより，光の散乱の仕方が変わる．また，ミー散乱を行う場合に，チンダル現象がみられることがわかる．

めも

電話

アレクサンダー・グラハム・ベル
(Alexander Graham Bell, 1847 ~ 1922 年)

アレクサンダー・グラハム・ベルとは？

アレクサンダー・グラハム・ベル（以降，ベル）は，エディンバラで生まれた科学者，発明家，工学者．12 歳のとき，母が聴力を失い始め，会話を手話で同時通訳した．学校は不登校気味で退学した．1873 年，ボストンで音響実験に専念した．ベルは，電気に詳しいトーマス・ワトソンを助手として研究を続行し，1876 年 2 月 14 日に特許出願した．イライシャ・グレイも同日に出願したが，約 2 時間遅れであった．1876 年 3 月 3 日に特許が認可され，7 日に公告し 10 日に電話の実験で「ワトソン君，ちょっと来てくれ」と語った．ヘレン・ケラーは後年「グラハム先生は父のように接してくれた」と感謝の気持ちを表明した．

電話機の発明まで

電話以前にも，管などを通して音を遠く離れた所へ伝えることは行われてきた．イギリスのフックは，1664〜1665年にかけて，フックにピーンと張った針金を通して音を伝える実験を行い，1665年に出版された『顕微鏡図譜』の序文で紹介している．このタイプの伝声装置は，1667年に，すでに彼による発明とされている．その後，金属缶の間を糸や針金で結び，遠くにいる人同士で話せるようにする「缶電話（tin can telephone)」や「ラバーズフォン（lover's phone)」が知られ，19世紀末には線を使って音響を物理的に遠方に届けるという音響通話装置（acoustic telephone）は欧米で販売された．

電気による電話機の発明競争については，同時期に複数の人々が実験をしている．19世紀中頃から末にかけて，ラジオ，テレビ，電球，コンピュータなども，きびしい発明競争となった．アントニオ・メウッチや，イライシャ・グレイ，アレクサンダー・グラハム・ベル，トーマス・エジソンなどが，発明競争を行った．そのような中，1876年3月3日，米国特許商標庁（USPTO）にて初の電気式電話機の特許がベルに認められた．これが電話機の基本特許となり，そこから様々な機器や機能に関する特許が派生していった．ベルの特許が切れた後は多数の電話会社が誕生した．しかし，激しい競争のあと姿を消した．

電話機の原理って？

電話（telephone）は，**電話機を用いて，音声を電気信号に変換し，電話回線を通じて離れた場所にいる相手と会話ができるようにした電気通信システム**のことである．現代の電話回線は，電話交換機で各国間で相互に接続され，固定電話間の通話にとどまらず，携帯電話（自動車電話）等・衛星電話などの移動体通信，IP電話などを介しての通話が可能になっている．

初期のアナログ電話は，電流の変化そのものをマイクやスピーカを使って音声に変換しているので，電流の変化そのものを情報として伝送している．デジタル式電話では，送電経路上の情報の送受信の効率を優先させるため，変調や復調を行ない経路上の回路は複雑になるが，情報量も増え品質もよくなっている．

Let's 再現！～実際に実験を行って確かめてみよう～

実験 1

分野 物理　レベル ☆

糸電話を作ってみよう

準備

紙コップ（2個），タコ糸，セロハンテープ

工作

1. 紙コップの底に，タコ糸をセロハンテープでしっかりと貼り付ける．

実験

1. 一方のコップを口に当て，話しをする．
2. 他方のコップを耳に当て聞き取る．
3. お互いに，話したり聞いたりしてみる．

結果

数mであれば，簡単に聞こえる．お遊び盗聴といって，別の糸電話の糸を絡ませると，それぞれの会話を盗聴できる．また，余談ではあるが，糸電話でどれぐらい遠くまで聞こえるかの実験をやったところ，調子がよければ，約100 mでの実験は成功した．

実験 2

分野 物理　レベル ☆☆

細長風船電話

準備

紙コップ（2個），細長風船

工作

1. 細長風船をふくらませる．
2. 紙コップの底を切り開き，細長風船の側面に，紙コップの底がきちんとふれるように，細長風船の両側に取り付ける．

実験

1. 一方のコップを口に当て，話しをする．
2. 他方のコップを耳に当て聞き取る．
3. お互いに，話したり聞いたりしてみる．

結果

糸電話と同じように，お互いに話したり聞いたりできる．曲げられるので，自分の声を聞くこともできる．振動している様子もわかる．

実験 3 エコー電話

分野 物理　**レベル** ☆☆

準備

紙コップ（2個），緩い長いばね，場合によってはペットボトル

工作

1. 紙コップの底に，緩い長いばねをセロハンテープでしっかりと貼り付ける．
2. ばねが，緩く垂れるようであれば，ペットボトルでトンネルを作り，この中にばねを入れてから，紙コップの底にばねを取り付ける．

実験

1. 一方のコップを口に当て，話しをする．
2. 他方のコップを耳に当て聞き取る．
3. お互いに，話したり聞いたりしてみる．

結果

糸電話と同じように，お互いに話したり聞いたりでき，エコーがかかったように聞こえる．

実験 4 1 m の二酸化炭素入り巨大風船電話

分野 物理　**レベル** ☆☆

準備

巨大風船（1 m 大），二酸化炭素

実験

1. 巨大風船（1 m 大）に，二酸化炭素を入れて，互いに向かいあう.
2. 一方の風船のすぐそばで話しをする.
3. 他方の風船のすぐそばで耳をすまして聞き取る.
4. お互いに，話したり聞いたりしてみよう.

結果

糸電話と同じように，お互いに話したり聞いたりできる.

解説

二酸化炭素風船の場合は凸レンズ効果があり，お互いの声が発散しないため，風船を用いた通信ができる．これは，二酸化炭素中の音速が空気中より，遅いからである．逆に，ヘリウムガス中では，空気中で音速よりも速くなるため，凹レンズ効果が生じ，ヘリウム風船に向かって話かけても，声が発散してしまう.

この実験からわかること

糸電話の実験では，声が紙コップの底を震わし，この振動が糸を伝わって，聞き取り側の紙コップの底を震わし，これが空気の振動となって耳の鼓膜を震わし，音声として認知されることが理解できる.

めも

30 白熱電球

トーマス・アルバ・エジソン
(Thomas Alva Edison, 1847 ~ 1931 年)

トーマス・アルバ・エジソンとは？

トーマス・アルバ・エジソン（以降，エジソン）は，オハイオ州生まれの発明家，起業家．小学校は，3か月で中退した．算数で「1＋1＝2」と教えられても，「大きな1個の粘土なのになぜ2個？」のように先生を困らせた．1877年の蓄音機の商品化に始まり，電話，蓄音器（つまり録音・再生装置），電気鉄道，鉱石分離装置，白熱電球などを次々商品化した．1887年にニュージャージー州のウェストオレンジ研究室に移り「ブラック・マリア（Edison's Black Maria)」を設立し，白黒フィルムの制作をはじめた．自動車王のヘンリー・フォードとは生涯の友人であった．エジソンは「Genius is one percent inspiration, 99 percent perspiration（天才は1%のひらめきと99%の汗)」という名言を残した．

白熱電球の発見まで

そもそもあかりは「たき火」や「たいまつ」のようなものから始まったと考えられる．やがて，油を石器や土器などに入れるオイルランプへと変化した．このころ，ろうそくなども用いられた．1792年には，ガス灯が発明され，1800年ごろにはガス灯が普及する．1808年には，より明るいアーク灯が発明された．1879年には，イギリスの**スワン**によって**白熱電球**が発明された．ほぼ同時期にエジソンによって，白熱電球が実用化される．ほんの100年と数十年前までは，光を出すには必ず火を燃やさなければならなかったのが，たちまち電気エネルギー活用の時代へと変わった．これを促進したのがエジソンである．

白熱電球の原理って？

世界で最初に白熱電球を発明したのはエジソンではなく，1879年2月，イギリスのスワンであった．しかし，スワンの白熱電球は寿命が短すぎてた．白熱電球は，明るくするためにはフィラメントの温度を高くする必要があり，フィラメントがすぐに蒸発してなくなってしまった．1879年10月21日エジソン32才とき，エジソンの白熱電球が完成した．フィラメントは，木綿糸に煤とタールを混ぜ合せたものを塗布し此れを炭化したもので，寿命が45時間ほどであった．広く家庭で使ってもらうには，安価でもっと長く灯り続ける電球である必要がある．それを解決するにはフィラメントの改良が重要であった．エジソンはフィラメント材料を見つけるのに大変苦労し，6000種類にも及ぶいろんな材料を炭にして実験をしたとのことである．ある日，机の上にあった竹の扇子を見つけ，その竹をフイラメントに使ってみると，200時間も灯った．これにより，エジソンは，20人の調査員を竹採集のため世界に派遣した．

1880年（明治13年）に，エジソンの助手ウィリアム・H・ムーアが来日し，後に初代総理大臣となる伊藤博文と会談した際，現在の京都府八幡市（男山周辺）に良質な竹があることを助言した．八幡の真竹は，しっかり引ひき締しまった繊維が評判で工芸品や刀剣の留具に使われていた．八幡の真竹を使ったフィラメントの白熱電球は，1,200時間以上点灯した．これにより，八幡の竹は，その後10年以上1894年まで，エジソン電灯会社に輸出された．

白熱電球は，当初は，内部を真空にしたが，フィラメントの蒸発を抑えるために，アルゴンなどの不活性ガスが入れられる．また，クリア球ではまぶしくて目が痛いので，シリカ球が発明される．しかし，電気エネルギーの多くが熱として無駄になっているので，やがて蛍光灯へ，そしてLEDへと，照明として役割が移りかわっていった．

1890年には，日本で初めて白熱電球を製造する会社「白熱舎」が誕生した．白熱舎はのちに東京電気に改称，東京電気は芝浦製作所と合併し，東京芝浦電気（現・東芝）となる．1936年，松下幸之助は「ナショナル電球株式会社」を大阪・豊崎（大阪市北区）に設立し，白熱電球を製造した．

日本政府は2008年，国内大手家電メーカーに対し，地球温暖化防止のため，2012年度までに消費電力の高い白熱電球の製造中止を呼びかけた．

Let's 再現！～実際に実験を行って確かめてみよう～

実験 1　**分野** 物理・生物　**レベル** ☆☆

竹炭フィラメントを作ってみよう

準備

竹串，アルミホイル，はさみ，カセットコンロ，単一型乾電池（7個），ネオジム磁石，導線

工作

1. 竹串を3～4 cmの長さに切り，竹串をのり巻きのようにアルミホイルでくるみ，片方のはしをひねって閉じる．

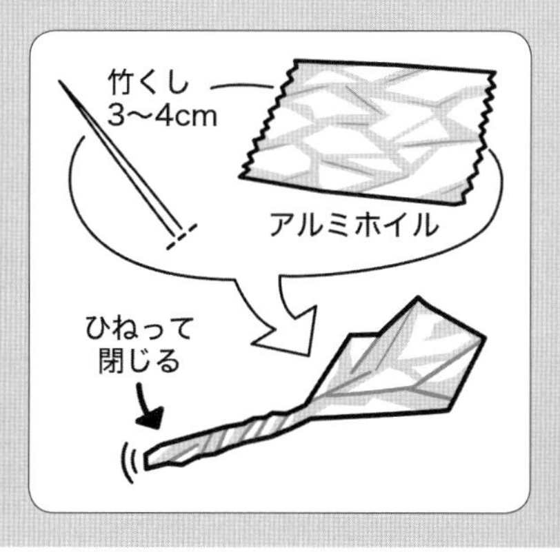

2. アルミホイルでくるんだ竹串をカセットコンロなどで蒸し焼きにする．このとき，広がったところを手でもっていると熱くならずにすむ．
3. 焼きあがったらアルミホイルをはがし，竹炭が，カーンカーンと備長炭を打ち鳴らしたような音がすれば焼きあがっている．もし，そうでない場合は，もう一度アルミ箔でくるんで焼直す．抵抗は約 100 Ω程度になっている．

実験

1. 焼きあがった竹炭の両端に導線をつなぐ．
2. 乾電池をネオジム磁石を使って直列に 7 個つなぐ．
3. 乾電池を導線を用いて，竹炭の両端につないで電圧をかける．

結果

10 V 程度かけると，竹炭に通電して発光し，やがて燃え尽きる．単一乾電池を 6 個，直列接続すると 9 V となる．7 個直列でもよい．なお，006P の 9 V 乾電池もあるが，パワー不足となる場合もあるので，単一型乾電池を用いるほうがよい．

実験 2 鉛筆やシャーペンの芯でフィラメント

分野 物理　レベル ☆☆

竹串でフィラメントを作るのが大変な人は，シャープペンシルの芯や鉛筆の芯でもフィラメントになる．そのほかにも，スパゲティやうどんをアルミホイルで蒸し焼きにすると，フィラメントを作ることができる．

準備

シャープペンシルの芯，導線，単一型乾電池（7 個）

実験

1. シャープペンシルの芯の両端に導線をつなぐ．
2. 乾電池をネオジム磁石を使って直列に 7 個つなぐ．
3. 乾電池を導線を用いて，シャープペンシルの芯の両端につないで電圧をかける．

結果

10 V 程度の電圧をかけると，シャープペンシルはフィラメントのように，赤く光りだし，やがて燃え尽きる．

解説

フィラメントとして実用化するには，燃え続ける時間を長くしなければならない．エジソンは，電球内をほぼ真空にして酸素をなくすことでこの問題を解決した．現在は，真空にする代わりに，初期には窒素を後にアルゴンなどのガスでフィラメントを包み込んで蒸発を防ぎ，発光時間を長くしている．

実験③ 二酸化炭素やヘリウムの瓶の中でフィラメントに通電しよう

分野 物理　レベル ☆☆

準備

ジャム瓶，二酸化炭素ボンベ，ヘリウムガスボンベ，実験①や実験②で使ったセット

実験

1. 二酸化炭素やヘリウムのガスを瓶に入れて，その中でフィラメントを入れ，通電する．瓶には，酸素が入ってこないようにしっかりと栓をする．

結果

フィラメントが酸素と結びつかないので長持ちする．

実験④ 液体窒素の中でフィラメントに通電しよう

分野 物理　レベル ☆☆

準備

ジャム瓶，液体窒素（特別に準備をする必要がある），実験①や実験②で使ったセット

実験

1. 液体窒素の中にフィラメントを入れて通電する．

結果

フィラメントが，水のような液体の中につかるので，フィラメントは光らないと思いきや，0℃より温度の低い液体の中なのに光り続ける．液体窒素が蒸発して窒素ガスとなりフィラメントを取り囲み，気体につつまれた状態になりフィラメントが酸素と結びつかないので長持ちする．

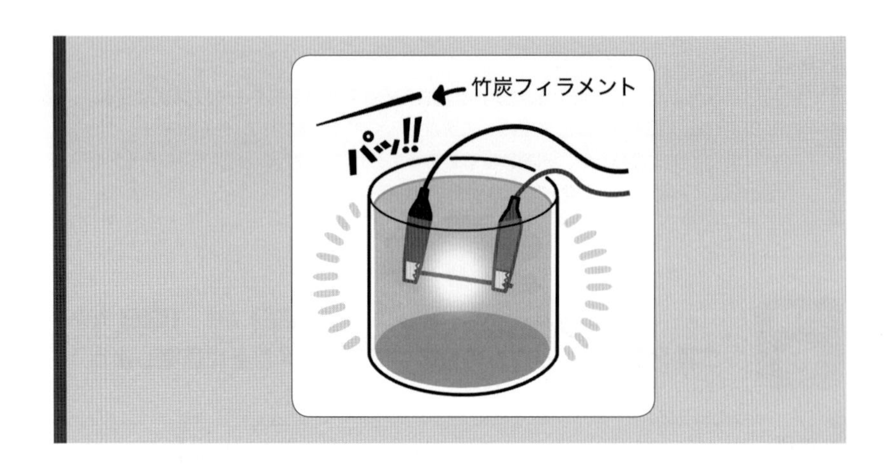

この実験からわかること

電気抵抗をもったものに電流を流すと，ジュール熱が発生して発光する．この発光をどれだけながく持続させるかが，白熱電球のテーマであった．

31 圧電効果

ピエール・キュリー
(Pierre Curie, 1859 ～ 1906 年)

ピエール・キュリーとは？

ピエール・キュリー（以降，ピエール）は，パリ生まれの物理学者．兄ジャックも，物理学者である．ピエールは，学校嫌いだったが，16 歳でパリ大学（ソルボンヌ）に入学し，18 歳で学士号を取得した．しかし，金銭的にきびしく，博士課程に進めず，物理研究室の助手として働いた．1880 年，兄ジャックと共に圧電効果（ピエゾ効果）を発見．翌 1881 年，逆の現象を確認した．強磁性体は，温度を上げるとその性質を失う．この温度のことを「キュリー温度」という．

1894 年にポーランド人のマリと出逢い 1895 年 7 月 26 日に結婚した．その後，共同で放射性物質の研究を行い，ポロニウムとラジウムを発見した．

圧電効果の発見

1880年に，ピエールとジャック兄弟は，結晶構造体に，外部から力を加えて変形させると，電気分極が生じ，電圧が生じるという圧電効果（piezoelectric effect）の実験を公開実験として行った．トルマリン，石英，トパーズ，ショ糖，ロッシェル塩（$KNaC_4H_4O_6 \cdot 4H_2O$）などに効果がみられ，石英とロッシェル塩は，この効果をとてもよく示した．しかしこの段階では，キュリー兄弟は，逆圧電効果については気づいていなかった．1881年に，ガブリエル・リップルマンは，逆効果の可能性を数学的に導くと，キュリー兄弟は直ちに圧電性結晶体を用いて可逆性の実験を続けた．その後，電界を加えると物質が変形する現象も確認され，逆圧電効果とよばれている．これらの現象をまとめて圧電効果とよぶ場合もある．

このような現象を示す物質は圧電体（誘電体の一種）とよばれ，ライターやガスコンロの点火，ソナー，スピーカー等に圧電素子として幅広く用いられている．圧電効果はピエゾ電気とも訳される．もとになった用語は，ギリシャ語で「押す（press）」を意味するpiezein（$\pi\iota\acute{\varepsilon}\zeta\varepsilon\iota\nu$）である．

圧電効果って？

圧電効果は，水晶や特定のセラミックスなどの**圧電体に，外部から力を加え変形させると，電圧が生じる効果**である．

圧電性の結晶内では，正と負の電荷が分離している．結晶全体では電気的に中性であるが，外部から力を加え変形させると電荷が偏る．1 cm片の石英立方体に正確に2 kNの力を加えると，12,500 Vの電圧が生ずる．逆に電圧を加えることで，結晶体が力学的に変形し，音波や電気周波数の発生，マイクロバランスや光学機器の超微調整焦点合わせなどに応用されている．また，STM, AFM, MTA, SNOMなどの多くの科学計測技術の拠りどころともなっている．

Let's 再現！～実際に実験を行って確かめてみよう～

実験 ①

分野 物理・地学　レベル ☆

擦ると光る石

準備

水晶の原石あるいは庭園用玉石（どちらもホームセンターなどで購入可）または氷砂糖

実験

1. 水晶の原石あるいは庭園用玉石 2 個を，暗い部屋で強く擦り合わせる．

結果

一瞬，発光する．

実験 ②

分野 物理・地学　レベル ☆☆☆

ハンディブラックライト暗箱

準備

電子式ライター，ブラックライト（4 W か 6 W），導線，黒の貼りパネ，蛍光ペンなど，セロハンテープ，ラジオペンチ，はさみ

工作

1. 電子式ライターをラジオペンチで分解し圧電素子を取り出し，圧電素子から出ている導線の被膜をむき，導線とつないで長くする．
2. 圧電素子の下の金属の部分に，導線の被膜をむいて巻き付け，セロハンテープで止める．
3. 続いて，小さな直方体型の暗箱を作る．サイズは，はがきが入るように，内側が 11 cm × 16 cm × 3 cm をめどに作る．
4. 組み立てる前に，天板の内側にブラックライトをセロハンテープで貼り付けておく．
5. 覗くことができるように，前の面は 1.5 cm のふたにしておく．
6. 組立はセロテープで行う．裏面には，圧電素子の電線が両極が外に出るように穴をあけておく．
7. 側面に圧電素子をしっかりと貼り付ける．

実験

1. 圧電素子のスイッチを入れる.
2. 圧電素子を右側と左側の側面に取り付けた場合はスイッチを交互に押す.

結果

圧電素子のスイッチを入れると，ブラックライト管が一瞬点灯する．圧電素子を右側と左側の側面に取り付けておくと交互に押すことで連続的に観察できる．無色蛍光ペンで書いた文字は，明るい所ではみえないが，ブラックライトを浴びると蛍光を発して，文字が浮かびあがる．「おめでとう！」などのメッセージを書こう！

実験3 くつで発電！

分野 物理　**レベル** ☆

準備

圧電スピーカー（3 cm 程度），白色 LED，500Ωの抵抗，靴底のシート（100円ショップなどで購入可）（2枚），リード線，両面テープ，セロハンテープ

実験

1. 圧電スピーカーのリード線に 500 Ωの抵抗をよじってつけ，その先にリード線をつなぎ，＋側に白色 LED の＋を，－側に LED の－をよじってつなぎ，つないだ場所にセロハンテープを巻いて補強する.
2. 圧電スピーカーを靴底シートの裏側にセロハンテープで貼り付け，靴底に入れる．歩いたり，ジャンプしたりしてみよう.

結果

歩いたり，ジャンプするごとに，圧電素子に圧力が加わり，LED が点灯する．そのため，夜のジョギングもこれで安心！

実験4 発電床で発電！

分野 物理　**レベル** ☆☆☆

環境問題解決の一つに，床振動による振動発電が期待されている．発電床を作って，エコな発電をしてみよう．

準備

カッターマット（A4），タイルカーペット（A4より一回り大きいとよい），圧電スピーカー（3 cm × 16 個），白色 LED たくさん，ブリッジダイオード（DF06M，なければ 500 Ωの抵抗でもよい）（16 個），導線，ホットボンド，セロハンテープ，はんだ，はんだごて

工作

1. 圧電スピーカー 16 個の真ん中に，ホットボンドのクッションを作り，ブリッジダイオードを取り付ける.
2. 8 個を直列に接続したものを 2 系列作る.
3. これらを，カッターマットに貼り付ける.
4. 二つの回路から出力用の導線をそれぞれ接続して，タイルカーペットをかぶせて完成.

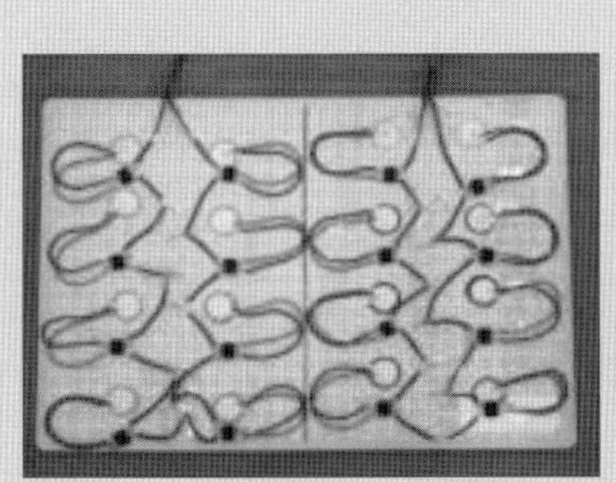

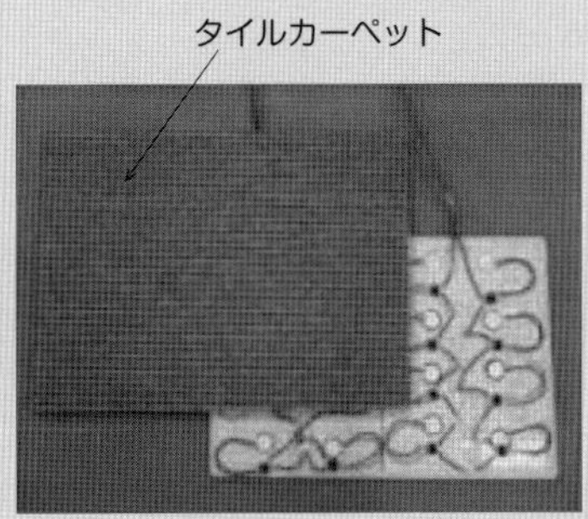

実験

1. 圧電床を踏んでみる.

結果

圧電床を踏むと，圧電素子に圧力が加わり，LED が点灯する.

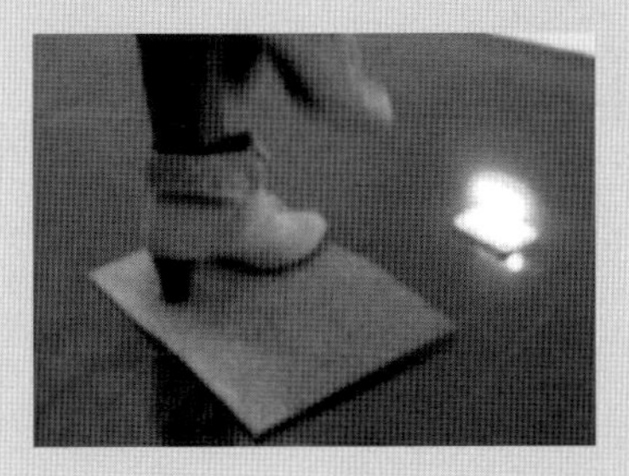

この実験からわかること

特別な結晶では，外部から圧力が加わわると，結晶内の電場が偏り高電圧を発生することが理解できる.

32 フレミングの法則

ジョン・アンブローズ・フレミング
(Sir John Ambrose Fleming, 1849 ~ 1945 年)

ジョン・アンブローズ・フレミングとは？

ジョン・アンブローズ・フレミング（以降，フレミング）はイギリスの電気技術者，物理学者．フレミングは，卒業後は大学で働いたり企業で働いたりした．マルコーニ無線電信会社，フェランティ，エジソン電信会社後にエジソン電灯会社などのコンサルタントを務めた．1892 年，変圧器の理論についての重要な論文をロンドンの英国電気工学会に提出した．1904 年に，二極管を発明した．

フレミングの法則の考案まで

1884 年頃ロンドン大学で教鞭をとっていた際，電磁誘導の講義を行っても「電流によって発生する磁場」と「磁場によって発生する電流」の関係が学生に定着しなかった．このとき，指導法として思いついたのが，手の指を直角に 3 方向指すように広げ，それぞれの指に，電磁誘導や電磁力を対応させるというものであった．これが，今日，**フレミング右手の法則**や**フレミング左手の法則**と呼ばれているものである．現在では，多くの国で教えられている．

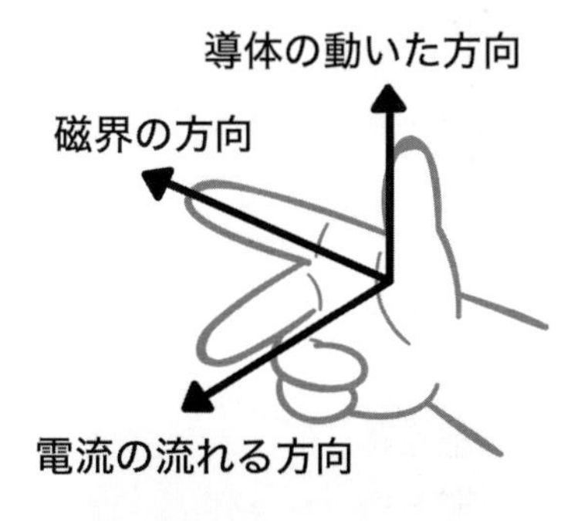

フレミングの右手の法則って？

フレミングの右手の法則は，**磁場内を運動する導体内に発生する起電力（電磁誘導）の向きを示すもの**である．右手の中指と人差し指と親指をたてて互いに直角の関係にしたとき，「中指が指す向き」は，導体に発生する起電力によって発生する電流の向きを示し，「人差し指が指す向き」は，磁場における磁場の向きを示し，「親指が指す向き」は，導体の動いた向きを示す．ただし，電磁誘導現象については，発生する起電力の向きを示す法則に右手を用いたレンツの法則がある．右手を利用して誘導モータや渦電流ブレーキなどを説明するほうが直観的であり，「右手の法則」ともいわれる．「にゃんこの右手」とも，いわれはじめているが，親指以外の指をネコの爪のように出して，その向きにコイルに電流が流れると，親指が N 極になるとするものである．

コイルの左側に，N 極が何もなかった状態から近づくと，コイルの左端が N 極になるように，親指以外の指の向きに，あるいはにゃんこの爪の向きに電流が流れるとすると，発生した電流の向きを間違えることはない．

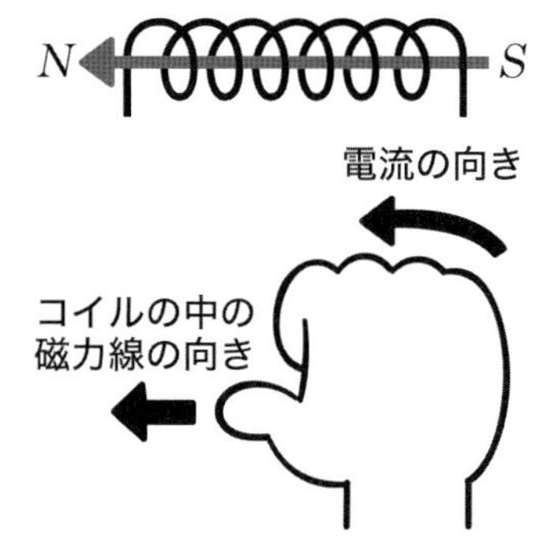

フレミングの左手の法則って？

フレミングの左手の法則は，**磁場内において電流が流れる導体に電磁力が発生する現象の，それぞれの向きの関係を示す**方法である．左手の中指と人差し指と親指をたてて互いに直角の関係にしたとき，「中指が指す向き」は，導体に流れる電流の向きを示し，「人差し指が指す向き」は，磁場の向き（N 極の向き）を示し，「親指が指す向き」は，導体が動く向きを示す．

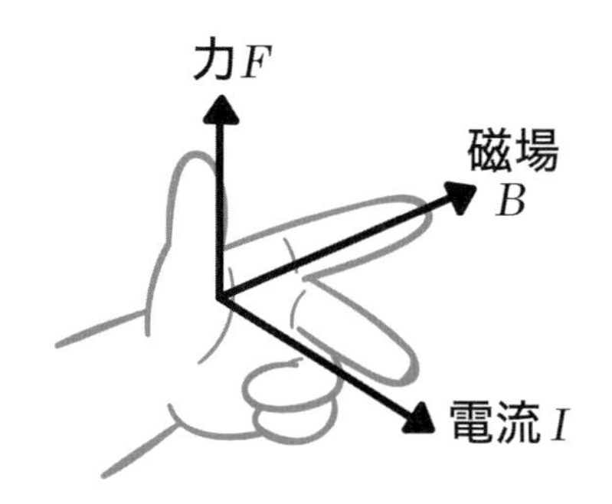

また，導体中の荷電粒子が受ける力のローレンツ力の方向を覚えやすくするためにも活用できる．ローレンツ力 F は，磁場を B，電荷量 q の 荷電粒子の 速度を v とすると，外積を用いて，

$$F = q(v \times B)$$

と表される．また電流 I が流れている導体が，磁場から受ける単位長さ辺りの力は，

$F = I \times B$

と表される．磁場中の導体の長さが l であれば，導体が受ける力は，

$F = I \times Bl$

である．

Let's 再現！～実際に実験を行って確かめてみよう～

リニアモーターとは，直線型のモーターである．このとき，移動体はフレミングの左手の法則に従う．リニアモーターの原理を実験を通して学び，それを踏まえてリニア－モーターカーにチャレンジしよう．

実験 1　分野 物理　レベル ☆☆

DVD ケースリニアモーターの実験

準備

DVD ケース，磁石（平面がそれぞれ N 極，S 極になっているもの，ネオジム磁石がよい），やや太くて曲がらない導線（銅や真ちゅうでもよい）2 本，リード線（エナメル線でもよい），磁石にくっつかない金属の短い棒（ハンダや銅線），両面テープ，単三乾電池，手回し発電機

工作

1. DVD ケースなどの底に両面テープで磁石を 4 ～ 6 個程度貼り固定し，それらの磁石の上面全体を両面テープを貼って 2 本の太い導線を固定する．
2. 2 本の太い導線のそれぞれに，リード線（エナメル線でもよい）をつなぐ（エナメル線の場合は，紙ヤスリでみがいて金属の表面を出しておく）．
3. これらの 2 本の太い導線にまたがるように，磁石にはくっつかない金属の短い棒を 1 本置く．

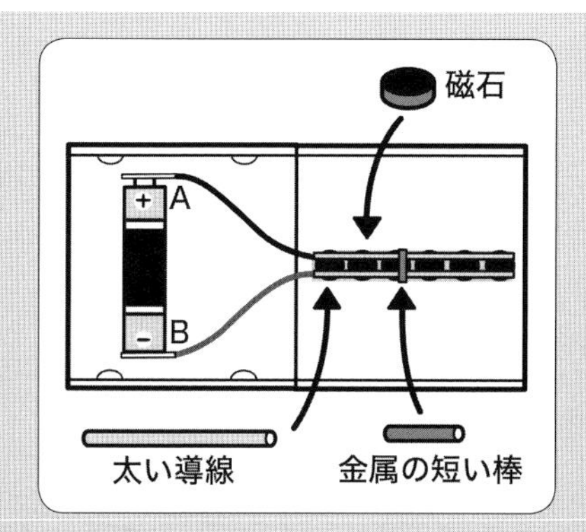

実験

1. 2本のリード線のそれぞれに，ゼムクリップをくくりつけて電極にする．ゼムクリップをスイッチ替わりとして乾電池につなぐ．

結果

リニアモーターバーに電流が流れ，2本の長いレール状の導線の上を走る．この短いバーが動くというのが，リニアーモーターである．

コラム

◇ 実験①の磁石の上側はNかSか？

フレミングの左手の法則を利用して，磁石の上面がN極かS極かを考えてみよう．

実験①のAに電池の＋極を，Bに電池の－極をつないだとき，短い導線は右に移動したとすると，磁石の下面がN極であることがわかる．乾電池の＋－を反対にすると，バーは反対向きに走る．

実験② リニアモーターカー

分野 物理　**レベル** ☆☆☆

準備

DVDケースリニアモーター，ストロー（3 cm），紙，磁石にくっつかない金属の短い棒（ハンダや銅線）（2本）

実験

1. 厚紙を半分に折り，電車の絵を描く．
2. 電車の絵の車輪あたりに切れ込みを入れる．
3. 線路の上に二本の短い銅線を車輪に見立てて置く．
4. 車輪に見立てた銅線の上に電車の車体を載せる．
5. 電池をつなぐ．
6. 電池のプラスとマイナスを逆につなぐ．
7. 電池の代わりに，手回し発電機をつないでハンドルを回してみる．また，逆向きにも回してみる．

結果

電池をつないで走る向きが決まれば，電池を逆向きにつなぐと反対向きに走る．手回し発電機をつないで実験をしても同じ結果が得られる．

この実験からわかること

フレミングの左手の法則のとおり，リニアモーターバーやリニアモーターカーが前進・後退することが実感できる．

33 一般に実用されるモーター

ニコラ・テスラ
(Nikola Tesla, 1856 ~ 1943 年)

ニコラ・テスラとは？

ニコラ・テスラ（以降，テスラ）は，エジソンと同じ時代の電気技師で，有能な発明家である．モーターの発明といえば，歴史的には多くの発明家があげられるだろうが，エジソンのライバルとなったテスラをここでは紹介したい．彼は，交流電気方式，無線操縦，蛍光灯，空中放電実験で有名なテスラコイルなどの多数の発明を行い，磁束密度の単位「テスラ」にその名を残している．1856 年クロアチア生まれ．1882 年に誘導モーターの開発に成功する．1884 年，渡米しエジソン電灯会社に採用されるが，直流による電力事業を展開するエジソンと対立し交流を提案したため失職する．1887 年 4 月，Tesla Electric Light Company（テスラ電灯社）を設立し，独自に交流による電力事業を推進した．

モーターの発明まで

1821 年，ファラデーは，ファラデーモーターという，単極モーターを発明した．1827 年，ハンガリーのイェドリク・アーニョシュは電磁作用で回転する装置 “lightning-magnetic self-rotors” を開発し，大学での教育用に使った．1882 年には，固定子と電機子と整流子を備えた世界初の実用的な直流電動機の実験に成功した．

実用可能なモーター

動力源として使える世界初の整流子式直流電動機は，イギリスのウィリアム・スタージャンが 1832 年に発明した．1837 年には，アメリカで毎分最大 600 回転するモーターも開発されたが，当時は電源として電池しかなく，しかも電力網はまだ存在しなかった．1873 年，ゼノブ・グラムは 2 台の発電機を接続し，一方が発電した電力でもう一方を電動機として駆動できることを偶然発見した．1886 年，フランク・スプレイグは負荷が変化しても一定の回転速度を維持できる火花の出ない直流電動機を発明した．これにより，1887 年にバージニア州リッチモンドに路面電車を，1892 年には電動エレベーター，イリノイ州シカゴで集中制御方式の電動式地下鉄（通称シカゴ・L）が作られた．1888 年テスラは，初の実用的交流電動機と多相送電システムを発明した．テスラはその後も交流電動機の開発をウェスティングハウスで継続した．

現代，利用されているモーターにはいろいろな種類があるが，仕組みとして**固定子と回転子があって，どちらかが回転変化する磁場を発生させ，磁場の変化によって駆動力を得る**システムとなっている．

Let's 再現！～実際に実験を行って確かめてみよう～

分野 物理　レベル ☆☆

ファラデーモーターを作ってみよう

準備

単三乾電池，ネオジム磁石（1 個），クギ（1 本），導線

工作

1. ネオジム磁石の面にクギを接着させる．
2. 単三電池の ＋ を下にし，「1.」のクギの先を接着させる．ネオジム磁石の磁力で，乾電池にくっつく．

実験

1. 導線の一方を電池の電極に，もう一方をネオジム磁石の側面にふれさす．

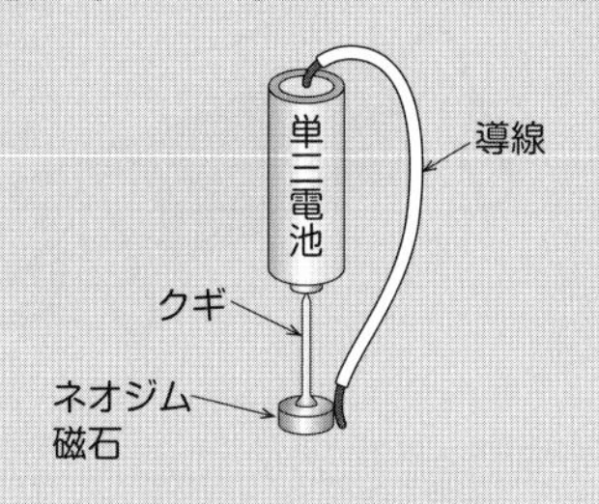

結果

ネオジム磁石がくるくると回転する．

実験 2 クリップモーターカーを作ってみよう

分野 物理　レベル ☆☆☆☆

クリップモーターといえば，微小なパワーなので，クリップモーターでは模型自動車を動かすことは難しいと思われがちであるが，実は動かすことができる．是非，チャレンジしてみよう！

準備

プラスチック段ボール（9 cm × 6 cm の名刺サイズなど自由，はがきサイズまでいくと大きすぎる），竹串（2 本），車輪として赤プーリー 3 cm（4 個），ゼムクリップ（2 本），ネオジム磁石 2000 ガウス（2 枚）（4 枚ならより強力），0.8 mm エナメル線（2 m），単 3 形乾電池，輪ゴム（2 個），ビーズ（4 個）（竹串にささるサイズ），発泡スチロールや固いスポンジ大（1 cm × 2 cm × 5 cm），発泡スチロールや固いスポンジ小（1 cm × 2 cm × 3 cm），セロハンテープ，両面テープ，紙やすり

工作

1. まず，クリップモーターを作る.
2. ゼムクリップを，図のように広げて，これを単3形乾電池にセロハンテープでプラス極，およびマイナス極にそれぞれしっかりととめる.

3. 0.8 mm ないしは，1 mm のエナメル線を 10 ～ 20 周程度巻いてコイルを作り，コイルの両端は，左右に開くように伸ばす．コイルが長すぎると電気抵抗が大きくなるのと重くなるので注意する.

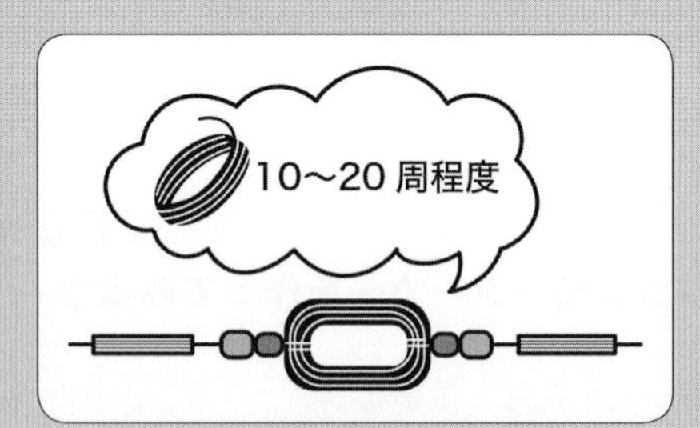

4. コイルの一端は，紙やすりでエナメルをすべてはがす．逆側の端は，エナメル線の半分だけエナメルをはがし，半分はエナメルを残す．これが整流子となる.
5. コイルの両サイドを，ゼムクリップにひっかけて回すことができるように，さらに回転の際の摩擦を減らすように，ビーズなどをつける.
6. 発砲スチロールの大小に，それぞれネオジム磁石を，お互いに引き合う向きにセロハンテープでつける.

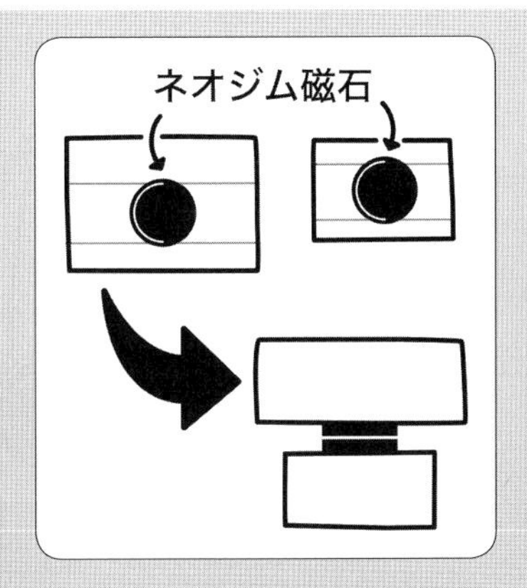

7. プラスチック段ボールの板の上に，発砲スチール大を台として，下図のように取り付ける.

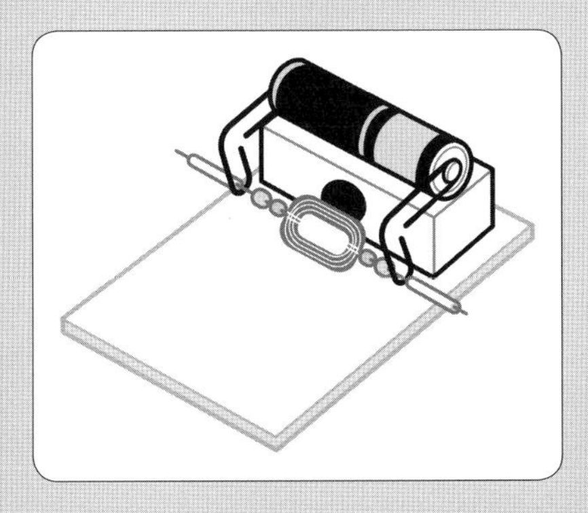

8. この段階で，コイルをクリップにのせてコイルが回るかどうかチェックする. 回らない場合は，エナメルの剥がしを再度行ったり，乾電池とクリップの密着性をチェックする.
9. 磁石付きの発砲スチロール小を，回転しているコイルのそばにもっていき，コイルがさらによく回る位置で，シャーシーの上に両面テープで貼り付ける.
10. シャーシーに，車輪を取り付け，さらに輪ゴムをつけると完成.

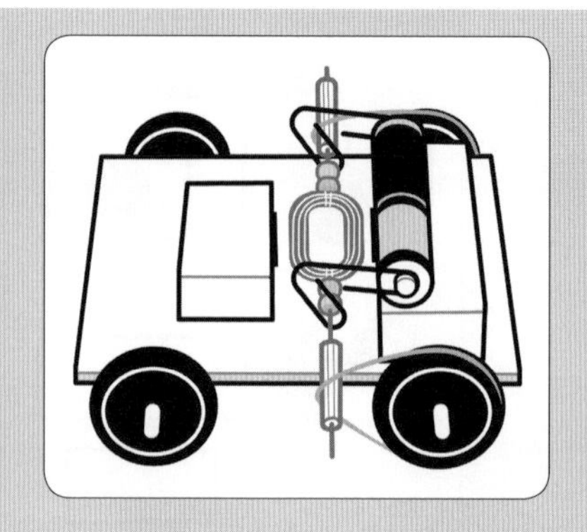

実験

1. クリップモーターカーを走らせてみる．どのように工夫すると速く走るかも考えてみる．

解説

モーターがどうして回るか，フレミングの左手の法則で説明してみよう．コイルが受ける電磁力 F は，$F = IBL$ である．

電磁力を大きくするには，

- 電流を大きくしたり，
- 磁場中のコイルの導線の長さを長くする

などが考えられる．電流を大きくするには，導線の断面積を大きくして電気抵抗を減らすことが考えられる．また，磁場中のコイルの導線に三角関数の成分がでないように，長方形型のコイルにしよう．

是非，みなさんも，いろいろなマシンを開発し，エンジニア魂も感じて下さい．

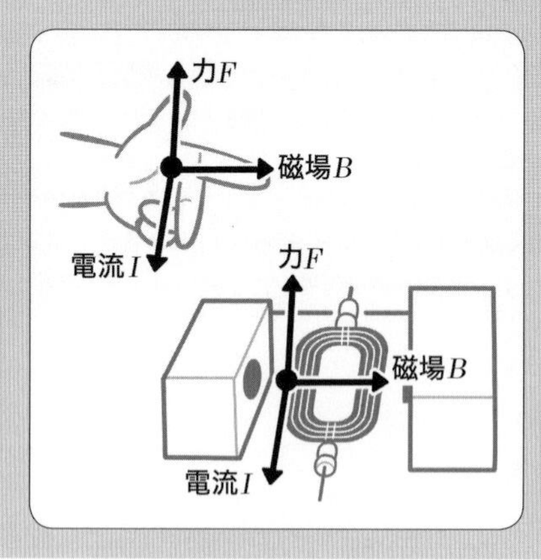

分野 物理　レベル ☆☆☆☆

交流モーターを作ってみよう

クリップモーターでは，整流子を作って，直流モーターとしたが，整流子を作らない場合，どうなるだろうか？　実は，交流モーターとなる．交流電源装置などを使うと，手巻交流発電機を簡単にモータとして回転させることができるが，購入するには数万円もしてしまうので，ここでは家庭のコンセントから交流電気を取り出す方法を考える．

準備

エナメル線（太さ Φ 0.2 mm，約 30 m），ネオジム磁石（4 個），ストロー，竹串，プラスチック段ボール

工作

1. エナメル線を 300 回程度巻き，直径が 3 cm 程度のコイルを作る．このとき，単1電池に滑りやすいように紙を巻いて芯にすると巻きやすい．
2. コイルの形を崩さないように，円弧の向かい合う部分に 2 cm 程度に切ったストローを挟みこむ．
3. ストローは，回転軸とする竹串がスムーズに回転するために必要となる．このとき，千枚通しなどを用いてエナメル線を広げておくとストローを差し込みやすくなる．
4. 竹串をストローに通す際に，中間あたりにプラスチック段ボールを取り付けてから，ストローに通す．
5. その後，ネオジム磁石が引き合う向きになるように，両面テープで 2 個ずつ取り付け，回したときに外れないようにセロハンテープでしっかりと固定する．
6. エナメル線の両端を紙やすりでみがいて，エナメルをはがす．これで，交流モーターの完成である．

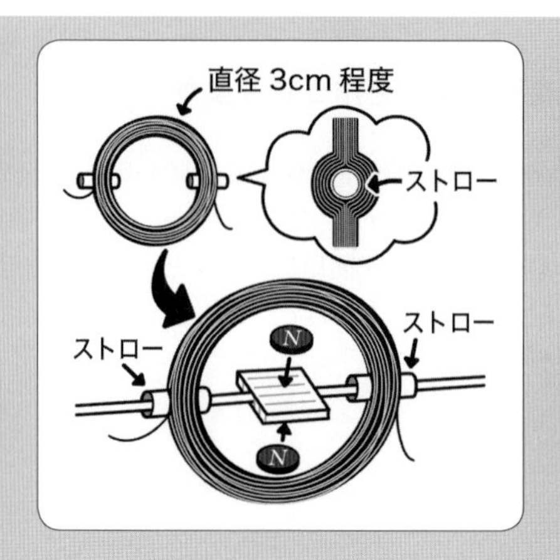

実験

1. 電球のソケットに電源コードをつなぎ，電源コードの片側の電線を 1 本を切り開く．
2. 切り開いた電源コードに，みのむしクリップをハンダ付けする．これを手作り交流電源器とする．
3. 手作り交流電源装置に，手巻自作交流発電機を取り付け，交流電源をかけ，ストローの部分を手でもって手巻交流発電機の軸を指で軽く回してみよう．

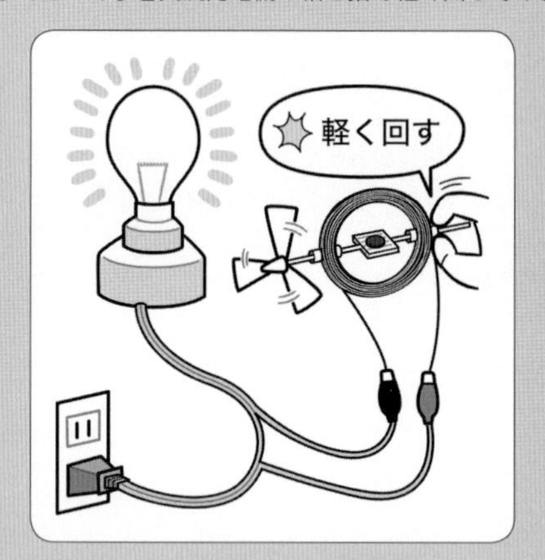

結果

いきおいよく回転する．

解説

交流電源気を用いて実験を行ったところ，今回の手巻自作交流発電機では，約 5 V, 200 mA の交流を流すと交流モータとして回転することが確かめられた.

そこで，実効値が 100 V の家庭用のコンセントから，5 V をこの手作り交流発電機にかけたい場合，どのような工夫が必要だろうか.

適切な抵抗を選び直列につないで，抵抗に 95 V の電圧をかければよい．直列回路なので，この回路には手作り交流発電機に流れる電流と等しい実効値が 200 mA の電流が流れる．ここで消費電力を考えると，消費電力は（電圧）×（電流）で求まるので，抵抗の消費電力は 95 V × 200 mA = 19 W となる．なので，消費電力が 19 W 程度の電気製品と直列につないで，コンセントにつなげばよいことがわかる．20 W 規格の白熱電球を利用できる.

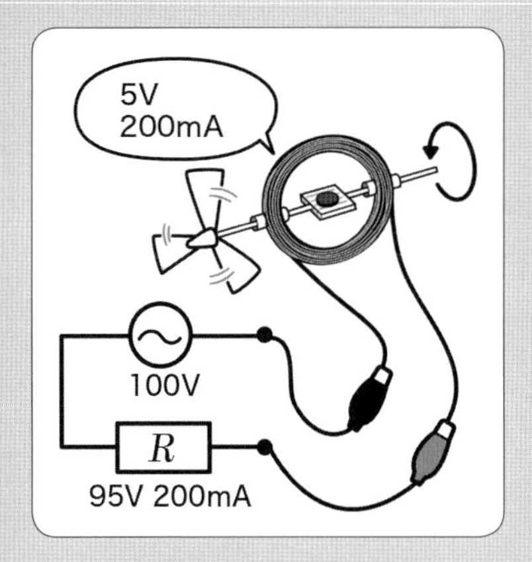

ちなみに，関東では 50 Hz，関西では 60 Hz なので，関西の方がモーターは速く回る.

この実験からわかること

電流は磁場からフレミングの左手の法則で説明される向きに力を受け，実際にコイルなどが回転し，モーターとなることが理解できる.

めも

34 電磁波の発信と受信～ラジオを聴こう！～

ハインリヒ・ルドルフ・ヘルツ（Heinrich Rudolf Hertz, 1857~1894 年）
グリエルモ・マルコーニ（Guglielmo Marconi, 1874 ～ 1937 年）
レジナルド・オーブリー・フェッセンデン（Reginald Aubrey Fessenden, 1866~1932 年）

ハインリヒ・ルドルフ・ヘルツとは？

ハインリヒ・ルドルフ・ヘルツ（以降，ヘルツ）は，ドイツの物理学者である．マックスウェルの電磁気理論をさらに明確化し発展させた．1888 年に電磁波の放射の存在を，それを生成・検出する機械の構築によって初めて実証した．

グリエルモ・マルコーニとは？

グリエルモ・マルコーニ（以降，マルコーニ）は，イタリアのボローニャ生まれで，1909 年，無線通信の発展に貢献したとして，フェルディナント・ブラウンとともにノーベル物理学賞を受賞した．1897 年にマルコーニ無線電信会社を創立した．

レジナルド・オーブリー・フェッセンデンとは？

レジナルド・オーブリー・フェッセンデン（以降，フェッセンデン）は，カナダで生まれた．1900 年頃，ラジオを発明．元エジソンの会社の技師だった．その後，高出力送信，ソナー，テレビなどの分野で多数の特許を取得した．

電磁波の発信と受信の発見からラジオの完成まで

ジェームズ・クラーク・マクスウェルは，1864 年に**電磁場理論**を完成させた．マクスウェルは，真空中を電場と磁場が対になって波として伝搬することを見い出し，電場の時間変化は磁場を生み，磁場の時間変化は電場を生むというふうに横波の電磁波が存在することを予言した．また，電磁波の伝搬速度を計算したところ,それまで既に測定によって知られていた光の速度に一致したことから，光は電磁波であるという，いわゆる**光の電磁波説**を唱えた．

1888 年ヘルツは，実験により，電磁波の存在を初めて実証した．誘導コイルの二次側に火花間隙による放電を利用した直線型の発振器，いわゆる送信アンテナを接続した．ここから電磁波を放射すると，小間隙をもった金属の輪の共振器の輪の間隙に火花が生じたことから電磁波の存在を確かめた．その波長は 66 cm と観測された．この共振器が受信アンテナである．

このように，アンテナの歴史は，ヘルツに始まるといえる．彼の師ヘルムホルツの勧めによってアカデミーの懸賞論文であったマクスウェルの理論の実験的検証に挑戦することで，なしえた実験であった．

ヘルツはさらに金属製の放物面鏡を組合せて，電磁波の直進，反射，屈折，干渉，かたよりなどの実験を行い，電磁波が光とまったく同じ性質をもっていることを確かめた．これらの実験は電磁場についての理論ならびに光の電磁波説に，確かな根拠をあたえた．

イタリアの発明家，マルコーニは，ヘルツの亡くなった 1894 年 1 月に，ヘルツの研究の解説本を読んで感銘を受け実験に着手した．試行錯誤の末，ヘルツ発振器，つまり送信アンテナの一端を大地にアースすることで，アンテナの輻射エネルギーを従来の数百倍にし，受信感度を著しく向上させた．アンテナを高くすることにより共振周波数は低くなる．大地は良導体とみなせ，アースするということは，アンテナの下半分を大地で代用していると考えることができるというわけである．1899 年にはドーバー海峡横断通信に成功し，1901 年にはついに大西洋横断通信に成功した．1909 年に，ノーベル物理学賞をフェルディナント・ブラウンとともに受賞した．

フェッセンデンは，ケベック州で生まれ，14 歳のとき学校から数学のマスターシップの称号を与えられた．1886 年末，ニュージャージー州ウェストオレンジにできたエジソンの新たな研究所で働き，音声信号の受信機の開発を行った．1892 年にはパデュー大学で電気工学の教授，1893 年にはピッツバーグ大学の電気工学部長となった．1900 年，アメリカ気象局に勤務し二つの信号を混合することで可聴範囲の音を取出す**ヘテロダイン原理**を発見した．そこで 1900 年 12 月 23 日に高周波火花送信機を使った音声信号の送信実験を行い，約 1.6 km 離れた地点で受信に成功した．これが世界初の音声信号の無線通信とされている．

1906 年 12 月 21 日，ブラントロックで 2 地点間の無線電話や既存の有線電話網に無線を相互接続しての通話実験を行った．同年12月24日にブラントロックから行われたラジオ放送はフェッセンデン自身が『さやかに星はきらめき（O Holy Night)』をヴァイオリンの伴奏で歌い，聖書のルカの福音書第 2 章の一節を朗読した．

フェッセンデンのラジオに関する重要な貢献は世界初の音声信号の無線送信（1900 年），世界初の大西洋横断双方向無線送信（1906 年），世界初の娯楽および音楽のラジオ放送（1906 年）である．

電磁波の発信と受信の原理って？

コンデンサーとコイルを用いると電気振動が起こることが知られている．この回路の振動数と等しい周波数 $f_0 = \dfrac{1}{2\pi\sqrt{LC}}$ の交流電圧を与えると，この回路では電気共振が起こる．コンデンサーの極板間の距離を広げ，コンデンサーの電気容量を変化させ，コンデンサーが棒状になるまで極板間隔を広げると，共振周波数は変化しながらも共振回路となる．このような棒状の回路をダイポール・アンテナという．

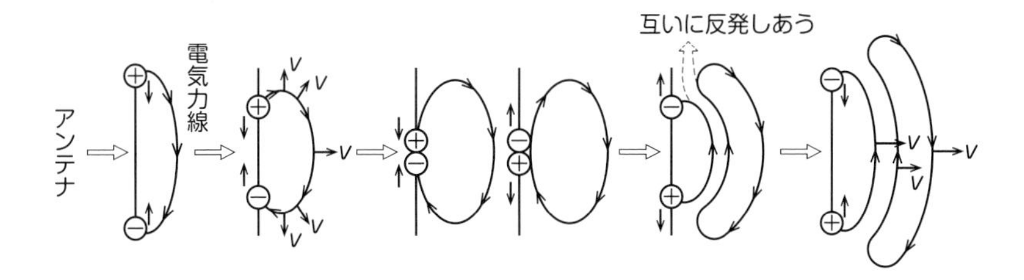

棒状のダイポール・アンテナで電気振動が繰り返されると，コンデンサー間に生じていた電気力線はしだいに空間を一定の速さで四方八方に向かって広がり，磁束も電束電流によって一定の速さで広がって行く．このとき電場と磁場は，互いに直角を保ちながら，磁場はアンテナ AB を垂直 2 等分する平面上を広がって行く．これを電磁波という．電磁波の速度は光速と同じである．

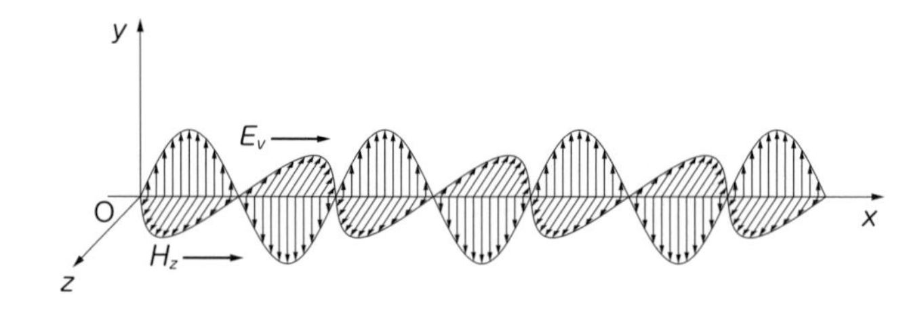

Let's 再現！～実際に実験を行って確かめてみよう～

実験 1

分野 物理　**レベル** ☆☆

ラジオを作ってみよう

準備

ゲルマニウムダイオード 1N60，バリコン，ダイヤル，クリスタルイヤホン，被覆導線（15 ～ 20 m）

実験

1. 被覆導線はループアンテナとする．インスタントコーヒーのガラス瓶や，ティッシュの箱などに重ならないように 15 ～ 20 m 程度巻き付け，両端の被覆をはがす．
2. バリコンにダイヤルを取り付け，導線の両端を，バリコンの端子にセロハンテープで貼り付ける．
3. クリスタルイヤホンの電線の 1 本にゲルマニウムダイオードをつなぐ．
4. ゲルマニウムダイオードの端をバリコンの一端につなぎ，クリスタルイヤホンのもう一方の端を，バリコンの他端につなぐ．

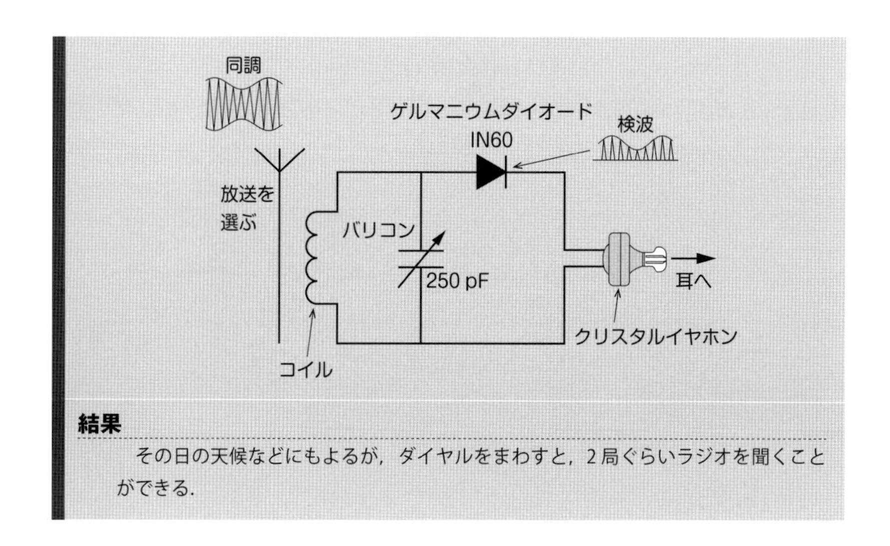

結果

その日の天候などにもよるが，ダイヤルをまわすと，2局ぐらいラジオを聞くことができる.

この実験からわかること

理論的に予想された電磁波を実験により検証することができる．また，この上に電気情報を載せれば，遠くまで運べる．よって，これらのことから，無線通信ができることがわかる.

めも

35 光電効果

アルベルト・アインシュタイン
(Albert Einstein, 1879〜1955 年)

アルベルト・アインシュタインとは？

アルベルト・アインシュタイン（以降，アインシュタイン）の業績は，特殊相対性理論および一般相対性理論，相対性宇宙論，ブラウン運動の起源を説明する揺動散逸定理，光量子仮説による光の粒子と波動の二重性，アインシュタインの固体比熱理論，零点エネルギー，半古典型のシュレディンガー方程式，ボーズ＝アインシュタイン凝縮など，とても一言で語れるものではない．「20 世紀最高の物理学者」あるいは「現代物理学の父」などと高く評価されている．1921 年に，光量子仮説に基づく光電効果の理論的解明によってノーベル物理学賞を受賞．

光電効果の原理解明まで

1839年，アレクサンドル・エドモン・ベクレル（ベクレルの父）が，薄い塩化銀で覆われた白金の二つの電極を電解液に浸し，片方に光を照射すると光電流が生じる現象（**ベクレル効果**）を発見した．1887年，ヘルツは，陰極に紫外線を照射すると，電極間に放電が生じて電圧が下がる現象を発見した（**光電効果**）．翌年，ハルヴァックスは，金属に短波長の（振動数の大きな）光を照射すると，電子（光電子）が表面から飛び出す現象を発見し，その後，レーナルトによって解明が進み，「電子の放出は，ある一定以上大きな振動数の光でなければ起こらず，それ以下の振動数の光をいくら当てても電子は飛び出さない」，「振動数の大きい光を当てると光電子の運動エネルギーは変わるが飛び出す電子の数に変化はない」，「強い光を当てるとたくさんの電子が飛び出すが，電子1個あたりの運動エネルギーに変化はない」などが実験によりわかった．

この現象は，19世紀の物理学では説明することのできない難題であったが，1905年，物理学者のアインシュタインは『光の発生と変換に関する一つの発見的な見地について』という彼の論文の中で，光量子仮説を提唱し，説明を行った．

光電効果の原理って？

振動数 ν の光は $h\nu$ のエネルギーの固まりとなって，金属内の電子に吸収され，電子がもらったエネルギー $h\nu$ が，電子を金属の内側から外側に運ぶのに必要なエネルギー W（仕事関数）より大きい場合には，ただちに放出される．

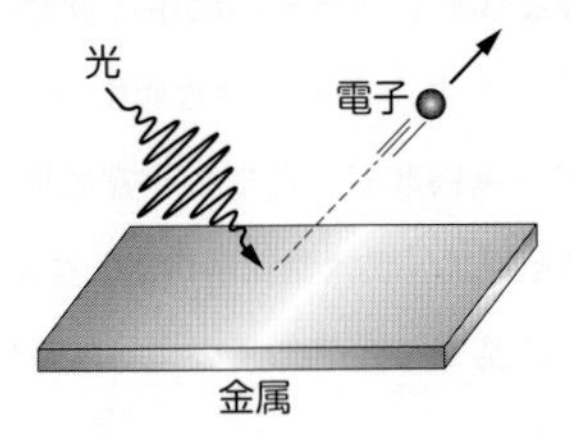

したがって，出てくる光電子 のエネルギーの最大値は，

$$E = h\nu - W$$

となる．なお仕事関数 W は，熱電子に関する リチャードソンの研究により既に知られていた．

Let's 再現！～実際に実験を行って確かめてみよう～

実験 1

分野 物理　レベル ☆☆☆

光電効果の実験

準備

はく検電器，アルミ板，亜鉛板，銅板，紫外線ランプ（殺菌灯），クリップ，帯電体

実験

1. はく検電器の検電部に，アルミ板や亜鉛板，銅板をクリップで取り付け，検電器全体をマイナスに帯電させ，箔を開かせる．
2. 検電部に紫外線を当てる．

注意 ブラックライトでは，閉じないことがあるため，危険ではあるが殺菌灯を使う必要がある．しかし，このとき必ず，防護用のサングラスをかけて実験すること．

結果

亜鉛板は，光電効果を一番起こしやすいので，紫外線を当てると箔は閉じる．銅板は，光電効果を起こしにくいので，紫外線を当てても箔は閉じない．

この実験からわかること

金属板に，光が照射されると，光電効果を起こして，電子を放出することが理解できる．

めも

LED の発明

ニック・ホロニアック・ジュニア
(Nick Holonyak, Jr., 1928 年～)

ニック・ホロニアック・ジュニアとは？

ニック・ホロニアック・ジュニア（以降，ホロニアック）は，1928 年 11 月 3 日，アメリカのイリノイ州に生まれた．ホロニアックは，ジョン・バーディーン（ショックレーらとトランジスタを発明者）がイリノイ大学アーバナ・シャンペーン校で初めて担当した博士課程の学生だった．ホロニアックは学士号も修士号も博士号（1954 年）も同大学で取得した．1960 年には世界で初めてとなる可視光半導体レーザーの開発を行った．

ゼネラル・エレクトリック社に勤めたホロニアックは，その後 1962 年に，赤色 LED を発明した．LED（light emitting diode）は，日本語で発光ダイオードと呼ばれる半導体である．1963 年には再びバーディーンと組んで，同大学の教授となり，量子井戸や量子井戸レーザーの研究を行った．2020 年現在でも現役である．

LEDの発明から現在まで

ホロニアックは，ゼネラル・エレクトリックの研究所（シラキュース）で，科学コンサルタントとして勤務していた1962年に，**発光ダイオード**を発明したことで知られ，「発光ダイオードの父」と呼ばれている．もちろん，当時は赤色のみの発光であった．その後，ホロニアックは，1963年からイリノイ大学アーバナ・シャンペーン校で教授を務めている．

ジョージ・クラフォードが，黄緑色のLEDを1972年に発明した．1990年代に入ると，赤崎勇，天野浩，中村修二らによって青色LEDが発明され，2014年には，青色LEDの開発に対してノーベル物理学賞が授与された．

1993年には，青色LEDの実用化が始まり，その2年後の1995年に緑色LEDが実用化された．これにより，RGBの混色による白色LEDが作られるようになった．また，翌1996年には，青色LEDと黄色蛍光体の組み合わせによる白色LEDも開発された．

現在では白色LEDのほかさまざまな中間色LEDも実用化され，信号機・電光掲示板・乗用車のランプなど，数え切れないほど多くの分野でLEDが使用されている．

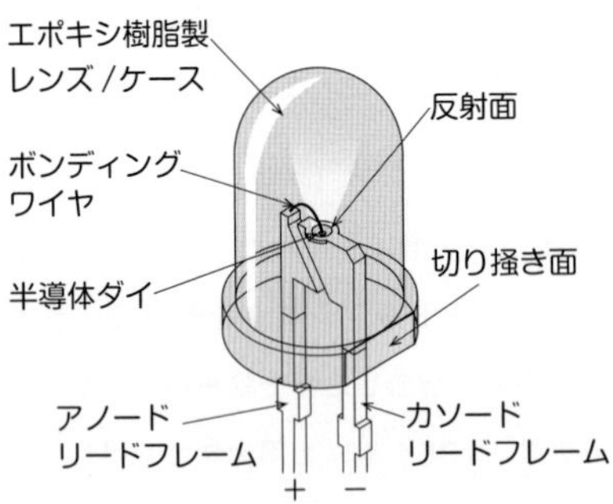

LEDの原理って？

LEDはP型半導体と，N型半導体を接合したものである．これを**PN接合**という．P型半導体ではホール（プラスの電気）が電気をはこび，N型半導体では電子（マイナスの電気）が電気をはこぶ．P型の電位がN型の電位より高い場合，P型内部ではホール（正孔）が負極に向かって流れ，N型内部では自由電子が正極に向かって流れる．接合面では，自由電子とホールが次々と出会って結合し電流が流れ続ける．この電流が流れる向きを**順方向**という．

シリコンのかわりにガリウムヒ素（GaAs）やガリウムリン（GaP）などの発光しやすい半導体を使って，PN 接合したものを発光ダイオードという．順方向に電圧をかけると，エネルギーが高い伝導帯（E_n）に存在する電子が，エネルギーの低い価電子帯（E_m）の空席に入ることで電子とホールが結合する．このとき，電子のエネルギーの差 $E_n - E_m$ が光（$h\nu$）として放出される．

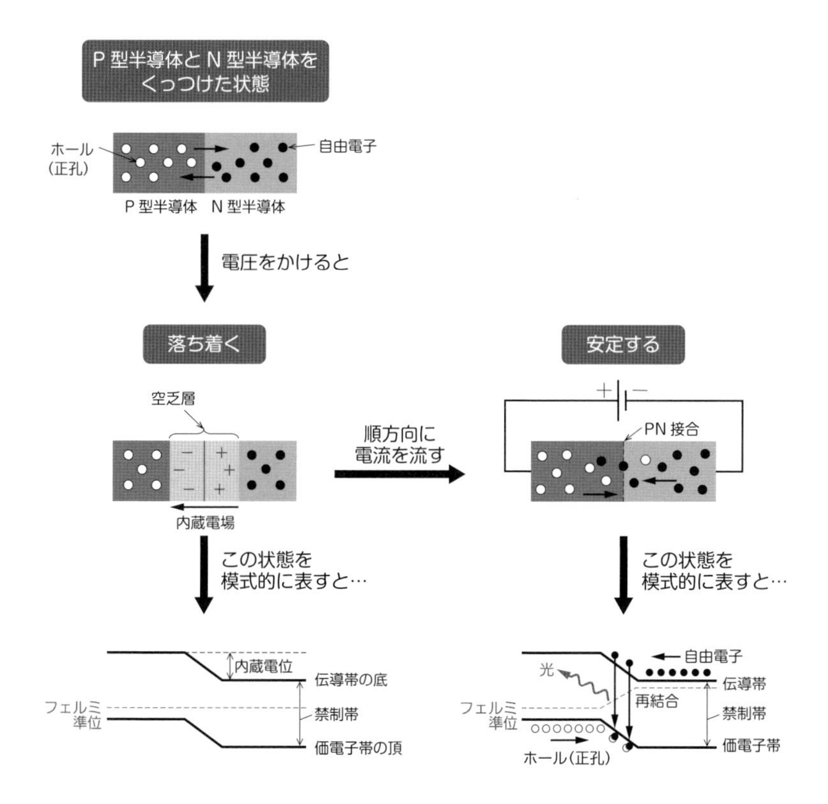

Let's 再現！～実際に実験を行って確かめてみよう～

実験 ①

分野 物理　レベル ☆☆

3色LED加色混合をやってみよう

準備

RGB3色LED，手回し発電機（低電圧，3Vタイプ），赤色LED（1個），緑色LED（1個），青色LED（1個）

実験

1. RGB3色LEDを手回し発電機（低電圧，3Vタイプ）につないで，光らせてみる.
2. 3色のダイオード3個を並列につないで，手回し発電機の回転数をあげてみる.

結果

市販されているLEDの赤は2.0V，緑は3.6V，青は3.6Vなどで発光する．手回し発電機の回転数を徐々にあげていくと，赤色LEDが最初に点灯し，続いて，緑，青の順で点灯する.

3色一体型の場合，白色光となるが，それぞれの単品の場合でも，乳白色のコンビニシートで発光部分全体を覆うと，赤と青で紫色を作ったり，青と緑で青緑を作ったりできる．RGBの3色を適切に混合すれば白色を作ることができる.

分野 物理　レベル ☆☆

実験2 サボニウス型風車風力発電機でLEDを点灯させよう

準備

500 ccペットボトル，魚の焼き串，ネオジム磁石，エナメル線（長さ10 m程度），タッパー，固いストロー

工作

1. エナメル線を1000回程度巻いてコイルを作る．
2. コイルの中心をたてにわってストローをさし，ストローの中に魚の焼き串を通す．これに，ネオジム磁石をコイルの中でくるくる回るように取り付ける．
3. タッパーの底に穴をあけ（あるいは，ふたに穴をあけて穴にパンチリングをつけてもよい），タッパーの内側にコイルが収まるように組み立てる．
4. ペットボトルは，図のように切って，互い違いにし，スポンジに差し込んで固定し，ペットボトルの底どうしはセロハンテープで貼り風車の羽とする．そのあと，魚の焼き串に，羽をスポンジ土台ごと差し込んで，LEDなどをつなぐ．これで完成！

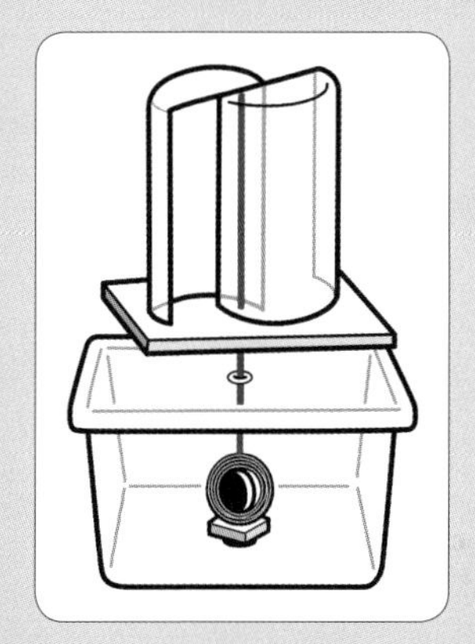

実験

1. サボニウス型風車風力発電機を風のよく吹く窓辺において，点灯するかどうか実験してみる．

結果

風が吹くと LED ランプが点灯する．また，室内実験では，扇風機やうちわ，あるいは，息を吹きかけて回転させてみると，LED ランプが点灯する．

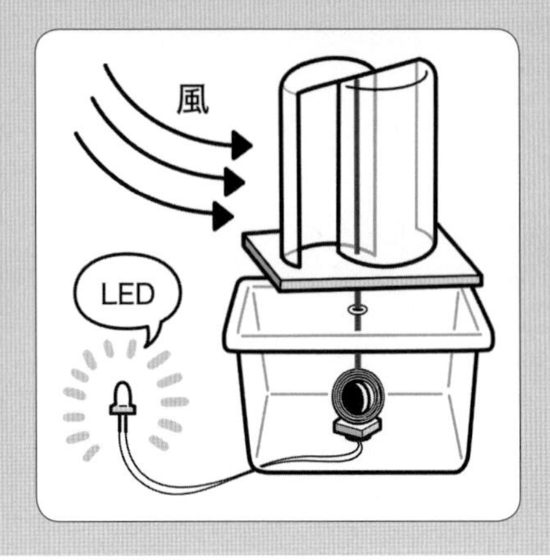

この実験からわかること

サボニウス型風車風力発電機のように，微弱な発電しかできない発電機でも，LED であれば点灯することがわかる．

あとがき

人類の歴史が，科学と技術の分野における発明・発見の歴史であったこと，本書によって実感頂けたのではないでしょうか.

本書では，取り上げることができていない大科学者がまだまだおられます．進化論は？とか，DNA は？とか，いろいろな科学者や技術者について紹介できていません．いつか，続編がかなうときには，みなさまのもとにお届けしたいと思います.

また，誰がとは限定できない素晴らしい発明もあります．パンはだれが発明したのでしょうか？ワインは誰だったのでしょうか？

そうやってたどると，パンの前には，農耕という科学技術の発見があり，火の発見と火で調理するという発見があります．小麦から小麦粉をつくり，これをこねてイースト菌により発酵させパンを焼く．ぶどうを集めて果汁をしぼり，これも発酵させておいしいワインに作り上げる．まさにバイオテクノロジーそのものです.

こうした，歴史に名前をとどめない人類の先輩たちが築き上げた，現代文明ですが，まだまだ未知の領域ははてしなく広がっています．いろいろな新種のウイルスが人類の生活圏のなかに現れると，とたん，我々の生活は苦しいものに変わっていきます．高度科学技術文明といいながらもです.

鉄筋コンクリートで摩天楼のように聳え立つシティであっても，地震や津波やテロ攻撃には弱いものです.

これからも，ますます科学技術を，こころと共感しあいながら発展させていく必要があります．そのためにも，歴史の先人たちが築き上げてきたものを，学ぶ必要があります.

本書では，先人たちの科学や技術における発明・発見を，身近な材料を用いて楽しく学んでいただくことにトライしました．楽しく遊べたでしょうか？

最後に，本書を世に送り出すにあたりオーム社編集局の皆様には大変お世話になりました．皆様の助けなくして本書は完成をみなかったと思います．ありがとうございました．感謝申し上げます.

川村　康文

Index

あ行

か行

さ行

た行

な行

は行

ま行

や行

ら行

英数字

〈著者略歴〉
川 村 康 文 （かわむら　やすふみ）
1959 年　京都市に生まれる
1983 年　京都教育大学　卒業
1983 年より京都府立学校，京都教育大学附属高等学校を経て，信州大学へ，その間，2003 年京都大学エネルギー科学研究科にて博士（エネルギー科学）
現　在　東京理科大学理学部第一部物理学科　教授

イラスト（カバー・本文）：岩田将尚（Studio CUBE.）

歴史上の科学者たちから学ぶ魅力的な理科実験

2020 年 5 月 25 日　　第 1 版第 1 刷発行

著　　者　川 村 康 文
発 行 者　村 上 和 夫
発 行 所　株式会社 オーム社
郵便番号　101-8460
東京都千代田区神田錦町 3-1
電話　03(3233)0641(代表)
URL　https://www.ohmsha.co.jp/

印刷・製本　三美印刷
ISBN978-4-274-22536-9　Printed in Japan